浙江省普通本科高校"十四五"重点立项建设教材

智能包装设计

柯胜海 / 主编

马亚玺
李休梦 / 副主编

中国轻工业出版社

图书在版编目（CIP）数据

智能包装设计 / 柯胜海主编；马亚玺，李休梦副主编. --北京：中国轻工业出版社，2025.5. --ISBN 978-7-5184-5469-3

Ⅰ.TB482-39

中国国家版本馆CIP数据核字第202514VQ48号

责任编辑：杜宇芳

文字编辑：刘梓萱　　责任终审：张乃柬　　设计制作：锋尚设计
策划编辑：杜宇芳　　责任校对：朱　慧　朱燕春　　责任监印：张　可

出版发行：中国轻工业出版社（北京鲁谷东街5号，邮编：100040）
印　　刷：艺堂印刷（天津）有限公司
经　　销：各地新华书店
版　　次：2025年5月第1版第1次印刷
开　　本：787×1092　1/16　印张：10
字　　数：245千字
书　　号：ISBN 978-7-5184-5469-3　定价：59.80元
邮购电话：010-85119873
发行电话：010-85119832　010-85119912
网　　址：http://www.chlip.com.cn
Email：club@chlip.com.cn
版权所有　侵权必究
如发现图书残缺请与我社邮购联系调换

240676J1X101ZBW

前言

本书是依据《中国包装工业发展规划（2021—2025年）》中"加强智能装备研发与应用，开发网络化、智能化、柔性化成套智能包装装备，推进智能包装工厂建设；推动智能材料和智慧产品的研发与应用，支持发展交互式、个性化智慧包装产品"的产业发展要求，以培养科学技术与创新能力兼具的包装设计复合应用型人才为目标而编写的智能包装设计教材，旨在从新型设计人才培养的角度推动我国包装产业的转型升级。

本书是根据设计学科培养目标，以智能包装理论、设计及应用为核心内容的综合性基础课程教材。本书研究对象——智能包装是一种新的包装形式，是包装与新兴科学技术结合的产物，对提升包装产业效率、优化包装体验、减少包装污染等方面有重要的现实意义。然而，当前我国智能包装相关的复合应用型设计人才短缺的现状无法满足智能包装的发展需求，因此，国内高校以及包装行业对传播智能包装理论知识、设计方法和指导设计应用的教材的需求日益凸显，这也是编者编著本书的主要原因。

人才是推动科技进步和教育发展的基本动力。在科技创新和高新技术产业化进程中，人才是经济发展和社会进步最具革命性的推动力量，具有不可替代的决定性作用。拥有强大的人才队伍是一个国家实现强国梦的必备条件。为了帮助学生把握智能包装设计方法，科学地提出和改进智能包装设计方案，我们在吸收了国内外众多研究成果后，完成了本书的编写。

本书共分为9个章节，各章节具体内容安排如下：

第1章　智能包装的概念及分类。本章节对智能包装概念的发展进行重新梳理，有效地确定了智能包装的研究对象与范畴，得出更为完善的智能包装概念。在此基础上，对智能包装的功能特质进行分析，并对智能包装的分类进行了阐释，便于学生对不同类型的智能包装有初步的认知。

第2章　智能包装的价值诠释。本章节基于智能包装在应用过程中所呈现出来的特点，结合智能包装的功能特征，对智能包装的功能与价值体系进行了较为细致的解释说明，利于学生理解智能包装设计及其应用的价值。

第3章　智能包装的技术构成。智能包装是技术驱动型包装，是在诸多技术支撑下实现的新型包装形式。本章节对其中应用的关键技术进行了分类讲解，对技术实现的基本原理及其在智能包装领域的应用方式进行了深入浅出的阐释和说明，力求让学生对这些关键技术有比较全面的认识。

第4~6章　对智能包装的三大类型——数字智能包装、材料智能包装、结构智能包装细分下的多种包装形式的概念、分类、设计应用及设计关键进行细致的讲解，是本书的核心章节，力求让学生对每种包装形式的特点、功能及技术原理有清晰透彻的认识，以此作为未来智能包装设计环节的理论支撑。

第7章　智能包装设计的方法与原则。本章节对智能包装的功能设计和形式设计进行了阐释，详细地解释了智能包装"析""解""组""借""创"五步设计步骤，并对智能包装设计原则给出了细致的说明，是指导学生顺利开展智能包装设计工作的关键章节。

第8章　智能包装设计的问题与趋势。本章节依据现阶段智能包装行业的发展状况，结合人类未来的生产生活方式和社会、环境需求，对智能包装设计的现存问题与发展趋势进行了阐述，目的是加强学生对智能包装的认识和理解，帮助其在设计实践环节正确规避可能出现的问题。

第9章　智能包装设计的应用实例。本章节通过两个智能包装设计实例对实际项目中智能包装的设计方法和应用方式进行了展示，旨在为学生之后的设计工作提供借鉴。

《智能包装设计》教材编写分工如下：主编柯胜海负责统筹全书并编写第一章、第五章、第七章及第八章；副主编李休梦负责第二章、第六章，并参与第一章的编写；副主编马亚玺负责第三章、第四章、第九章，并参与第五章的编写。

本书既可作为普通高等院校工业设计、产品设计、艺术设计、包装设计专业教科书，也可作为包装从业人员的参考书使用。

由于智能包装理论体系相对庞大，分支较为繁杂，其中涉及的工科知识甚多，而且智能技术的发展日新月异，加上编者水平有限，因此书中定会存在纰漏和不足，敬请各位读者批评指正。

编　者

目录

第1章　智能包装的概念及分类

1.1　包装的概念

1.2　智能包装的概念

1.3　智能包装的功能特质

1.3.1　增强型保护功能 | 3
1.3.2　增强型信息传达功能 | 3
1.3.3　增强型促销功能 | 4
1.3.4　智能管控功能 | 4
1.3.5　自觉性环保功能 | 4
1.3.6　安全警示功能 | 4

1.4　智能包装的分类

1.4.1　数字智能包装 | 5
1.4.2　材料智能包装 | 5
1.4.3　结构智能包装 | 6

第2章　智能包装的价值诠释

2.1　智能包装的安全价值

2.1.1　保护与监测内装物安全 | 9
2.1.2　保护使用者安全 | 10

2.2　智能包装的环保价值

2.2.1　实现信息载体的转移 | 12
2.2.2　实现包装的循环共享 | 12
2.2.3　实现资源的优化配置 | 13

2.3　智能包装的人性关怀

2.3.1　提升包装使用的便捷性 | 13
2.3.2　提升对弱势群体的关怀 | 15
2.3.3　提升包装的情感化表达 | 16

第3章 智能包装的技术构成

3.1 智能包装驱动技术

3.1.1 传感器 | 19
3.1.2 指示剂 | 21
3.1.3 识别技术 | 23

3.2 智能包装材料技术

3.2.1 发光材料 | 26
3.2.2 变色材料 | 28
3.2.3 水溶材料 | 30
3.2.4 活性包装技术 | 32

3.3 智能包装展示技术

3.3.1 多媒体展示技术 | 33
3.3.2 增强现实技术 | 34
3.3.3 虚拟现实技术 | 35
3.3.4 混合现实技术 | 35

3.4 智能包装辅助技术

3.4.1 互联网技术 | 36
3.4.2 物联网技术 | 37
3.4.3 大数据技术 | 37
3.4.4 人工智能技术 | 37
3.4.5 印刷电子技术 | 38

第4章 数字智能包装设计

4.1 智能语音包装设计

4.1.1 智能语音包装的概念及分类 | 40
4.1.2 智能语音包装的阶段性特征 | 41
4.1.3 智能语音包装的技术路线与设计实现 | 41

4.2 基于移动互联网技术的平台式包装设计

4.2.1 平台式包装的概念 | 44
4.2.2 平台式包装的阶段性分类及演变 | 44
4.2.3 平台式包装设计内容与方法 | 46

4.3 基于物联网技术的管控式包装设计

4.3.1 物联网管控式包装的概念 | 51
4.3.2 物联网管控式包装的类型及原理 | 51
4.3.3 物联网管控式包装的设计关键 | 54

4.4 基于增强现实（AR）技术的交互式包装设计

4.4.1 AR 技术包装的功能特性 | 55
4.4.2 AR 技术在包装中的设计流程 | 57
4.4.3 AR 技术包装的设计原则 | 58

4.5 基于虚拟现实（VR）技术的交互式包装设计

4.5.1　VR 技术包装的特点 | 59
4.5.2　VR 技术包装的类别 | 60
4.5.3　VR 技术包装设计的注意要点 | 62

第5章　材料智能包装设计

5.1 变色材料包装设计

5.1.1　变色材料的视觉特性 | 65
5.1.2　变色材料包装的分类及设计应用 | 65
5.1.3　变色材料包装的图形动态视觉演绎 | 69
5.1.4　变色材料包装视觉符号的动态设计原则 | 72

5.2 发光材料包装设计

5.2.1　发光材料包装的概念及原理 | 73
5.2.2　发光材料包装的特殊功能 | 74
5.2.3　发光材料包装的艺术形式表现方法 | 76
5.2.4　发光材料包装的设计关键 | 79

5.3 水溶材料包装设计

5.3.1　水溶材料包装的概念及原理 | 80
5.3.2　水溶材料包装的特殊功能 | 80
5.3.3　水溶材料包装的设计原则与关键 | 83

5.4 活性包装设计

5.4.1　活性包装的概念 | 84
5.4.2　活性包装的类型及原理 | 84
5.4.3　活性包装应用的功能价值 | 86

第6章 结构智能包装设计

6.1 按压式结构包装设计

- 6.1.1 按压式结构包装的概念及特点 | 89
- 6.1.2 按压式结构包装的原理与类别 | 89
- 6.1.3 按压式结构包装的设计环节与关键问题 | 92

6.2 计量式结构包装设计

- 6.2.1 计量式结构包装的概念及特点 | 94
- 6.2.2 计量式结构包装的类型及功能 | 94
- 6.2.3 计量式结构包装的设计方法与原则 | 97

6.3 障碍式结构包装设计

- 6.3.1 障碍式结构智能包装的概念及特点 | 98
- 6.3.2 障碍式结构智能包装的形式与应用 | 98
- 6.3.3 障碍式结构智能包装的设计关键 | 102

6.4 结构驱动式包装设计

- 6.4.1 结构驱动式包装的概念及特点 | 104
- 6.4.2 结构驱动式包装的形式与应用 | 104
- 6.4.3 结构驱动式包装的设计关键 | 106

第7章 智能包装设计的方法与原则

7.1 智能包装设计的对象

- 7.1.1 功能设计 | 113
- 7.1.2 形式设计 | 116

7.2 智能包装设计的方法与步骤

- 7.2.1 "析" | 119
- 7.2.2 "解" | 120
- 7.2.3 "组" | 121
- 7.2.4 "借" | 121
- 7.2.5 "创" | 122

7.3 智能包装的设计原则与设计评价

- 7.3.1 智能包装的设计原则 | 124
- 7.3.2 设计方案的验证与评价 | 124

第8章 智能包装设计的问题与趋势

8.1 智能包装设计存在的问题

8.1.1 技术研发问题 | 128
8.1.2 成本问题 | 128
8.1.3 受众接受力问题 | 129
8.1.4 标准化问题 | 129

8.2 智能包装的发展趋势

8.2.1 产品化 | 129
8.2.2 多元化 | 130
8.2.3 艺术化 | 131
8.2.4 绿色化 | 132
8.2.5 标准化 | 132
8.2.6 人性化 | 133
8.2.7 效益化 | 134

第9章 智能包装设计的应用实例

9.1 智能可降温式口红包装设计

9.1.1 智能可降温式口红包装设计背景调研 | 137
9.1.2 智能可降温式口红包装设计构思 | 137
9.1.3 智能可降温式口红包装具体内容设计 | 138
9.1.4 智能美妆管控 App 功能简述 | 140

9.2 Wi-Fi 智能安全药品包装设计

9.2.1 Wi-Fi 智能安全药品包装设计背景调研 | 141
9.2.2 Wi-Fi 智能安全药品包装设计构思 | 141
9.2.3 Wi-Fi 智能安全药品包装具体内容设计 | 141

参考文献 | 144

第1章
智能包装的概念及分类

1.1 包装的概念

1.2 智能包装的概念

1.3 智能包装的功能特质
1.3.1 增强型保护功能
1.3.2 增强型信息传达功能
1.3.3 增强型促销功能
1.3.4 智能管控功能
1.3.5 自觉性环保功能
1.3.6 安全警示功能

1.4 智能包装的分类
1.4.1 数字智能包装
1.4.2 材料智能包装
1.4.3 结构智能包装

20世纪70年代起,智能理念开始与科技结合,人们逐渐将智能技术应用于生活的方方面面,如智能电器、智能机器人、智能建筑等。这些技术的加入使我们的生活变得更为有趣,与此同时,简化了我们认识生活的成本,提升了便利性与舒适度。到20世纪90年代中期,人们开始尝试在包装中加入智能技术,使其具备传统包装无法达到的功能,给人们带来更加安全、高效、便利的包装体验,这也就是我们今天所说的智能包装。

1.1 包装的概念

从包装的功能角度而论,在人类文明的初期就已出现了原始包装,被用来满足原始人类的日常生活需求,而在我国古代文献中,并没有"包装"一词,仅将"包"与"装"分开而论,其中与之相近的是"囊""襄""匏"等,来表示包藏和收纳等含义。但包装一词作为舶来品,于1983年我国发布的《包装通用术语》(国家标准)一文中才明确了其定义:即在流通过程中保护产品、方便储运、促进销售,按一定技术方法而采用的容器、材料及辅助物等的总体名称;也指为了达到上述目的而采用容器、材料和辅助物的过程中施加一定技术方法等的操作活动。事实上,包装与其他造物种类和行为一样,是人类为实现特定目的而进行的设想、规划、方案等创造性活动。伴随着人类社会的进步和商品经济的发展,包装在内涵上呈现出不同的特点,其概念以及包装本体的功能性都不断随之更新,并在各个时期表现出不同的特点。

1.2 智能包装的概念

1992年12月,世界上第一次关于"智能包装"的国际会议在伦敦召开,会议为"智能包装"下了这样的定义:在一个包装、一个产品或产品-包装组合中,有一集成化元件或一项固有特性(元件),通过此类元件或特性把符合特定要求的职能成分赋予产品包装的功能中,或体现于产品本身的使用中。具体为:利用新型的包装材料、结构与形式对商品的质量和流通安全性进行积极干预与保障;利用信息收集、管理、控制与处理技术完成对运输包装系统的优化管理等。这是最初在国际上得到广泛认可的"智能包装"定义。

进入21世纪之后,智能技术得到了进一步发展,在各个领域中的应用不断丰富,智能包装的形式也在不断增多,特别是新型材料与数字技术的发展,进一步丰富了智能包装的形式与功能,这也拓展了最初智能包装概念的范畴。2013年朱和平教授对新时代的"智能包装"给出了一个相对完整的概念:智能包装是指在包装过程中加入集成元件或利用新型材料、特殊结构和技术,使包装具有模拟人类行为的功能,并且可以代替人在包装使用过程中的部分行为步骤，在满足传统包装功能的基础上，对产品的质量、流通安全、使用便捷等功能中某个方面进行积极的干预与保障，以更好地实现包装流通过程中使用与管理功能的一种新型包装。该概念是从设计学的角度出发，结合了数字信息、新型材料、特殊结构等与智能包装关系紧密的应用技术，提出的一个较为完整和全面的概念。

以上所呈现出来的"智能包装"的概念，多是建立在当时特定的社会发展背景，或是新材料、新技术出现的基础之上，并呈现出强烈的时代性特征。随着社会生产方式与生活方式的发展变化，与智能包装相关的新智能技术、功能及形式不断涌现，"智能包装"的概念和范畴也变得更加多样化和广泛化，其功能以及展示形式也会呈现新形态。

总的来说，智能包装并非是在形式上单一地将智能元件、新型材料、特殊结构等技术手段简单集成应用于包装中，也并不仅限于加强包装对产品监管、流通安全与操作效率等方面的优化效果。未来的智能包装应是跨越包装本体物质层面，致力于升级包装信息传递方式、优化包装使用方式、改善现有包装流通模式，进而实现包装多维信息传达，增进包装与使用者情感互动交流，以及促进构建绿色、安全、高效的物流管理系统，最终成为一种对接未来智慧城市新生活方式与消费模式所需要的配套包装形式。

1.3　智能包装的功能特质

智能包装通过新技术、新材料、新结构的应用，在功能上与传统包装相比，表现出来的优势更为明显，具体表现在增强型保护功能、增强型信息传达功能、增强型促销功能、智能管控功能、自觉性环保功能和安全警示功能等方面。

1.3.1　增强型保护功能

智能包装的增强型保护功能，是指智能包装可以依据特定产品的保质、保鲜原理，在包装上使用特定的技术和材料，对产品流通中的包装环境进行积极的干预与保障，降低被破坏的风险，该功能尤其适用于生鲜活鲜、生物样本这类对存储和运输环境要求较高的产品。

1.3.2　增强型信息传达功能

智能包装的增强型信息传达功能主要是利用新型技术或移动终端设备来实现包装的多维信息传达。这种方式的优势具体表现在两个方面：一是信息传达形式互动性更强，更易于消费者参与和接受；二是信息传达的内容丰富多样、层次感较强。这样的方式，不仅提高了信息传播的质量和效率，还丰富了包装的个性化和情感交互体验。

1.3.3 增强型促销功能

智能包装的增强型促销功能表现在两方面：第一，动态化的展示效果，创造出独特的多感官享受。智能包装不仅能够通过声音带给消费者惊喜的娱乐体验，还能利用视频动画、虚拟现实场景游戏等获得消费者的额外关注，有利于在同质化的包装市场中获得竞争的主动权。第二，提供商品的使用指引及安全信息，以更强的使用便利性及安全保障吸引消费者。智能包装可以借助智能标签监测产品信息，提供产品的使用指引和安全提醒，从而使消费者更加充分地了解产品，建立品牌信任，增加品牌的用户黏性，最终促进品牌的产品销售。

1.3.4 智能管控功能

智能包装的智能管控功能是利用智能控制系统，结合大数据和人工智能技术，实现对包装内商品及其流通过程的监控与管理，通过及时反馈信息，加强包装与消费者的联系，提升包装使用的安全性。这类包装通常采用数字感应器（光感应器、压力感应器、声音感应器、温度感应器等）或者感应材料（主要包括温敏、热敏、光敏、气敏等材料），能及时监测产品所处环境及状态，最终实现包装警示与管控等特殊功能。这种具有增强型管控功能的智能包装针对传统包装领域不能满足的特殊人群、特殊环境、特殊产品等需求能够表现出更为突出的功能价值。

1.3.5 自觉性环保功能

智能包装的自觉性环保功能体现在两个方面：第一，使用的材料本身具有环保特性。如水溶性包装材料，在特定条件下易溶解在水中，并且分解后对水源和土壤没有危害，可以用于有计划的包装废弃降解。第二，通过将包装信息非物质化，减少实体印刷带来的污染。如借助多种数字化平台（小程序、H5等）传达智能包装的包装信息，在实体包装上只需印刷相应的二维码或识别码作为信息入口，从而减少包装印刷污染。可见，智能包装能较大程度降低对环境的副作用，对促进生态可持续发展的环保策略的实施有较大的现实意义和应用价值。

1.3.6 安全警示功能

智能包装的安全警示功能是通过在包装内部或者外部增加警示性指示剂或标签，实时监测包装的内外部环境，并通过渐变式的颜色变化和图案变化等形式表示产品状态的阶段式转变，以引起消费者对当前产品质量安全的关注。一般情况下，这种指示剂或标签含有特殊的化学成分，能够与包装环境中的某些影响产品质量的因素进行化学反应，从而"识别"与"判断"产品的即时状态，通过设定的形式来反馈警示信息，以便消费者和商家及时对问题产品进行辨认和处理。

1.4 智能包装的分类

依据智能包装的功能特性，将智能包装分为数字智能包装、材料智能包装、结构智能包装三大类。

1.4.1 数字智能包装

数字智能包装是指在包装中加入电子集成元件，融入物联网、大数据、云计算、增强现实技术、虚拟现实技术和混合现实技术等新兴数字信息技术，利用包装本体或与扩展硬件配合以增强包装的信息传达、管理控制、防伪安全、交互体验等功能的一类智能包装。根据应用数字信息技术的差异，数字智能包装又划分为四种：以智能语音包装和智能发光包装为内容的本体智能型包装、基于移动互联网技术的平台式包装、基于物联网技术的管控式包装和基于增强现实技术的展示型包装或虚拟现实技术的交互式包装（图1-1）。

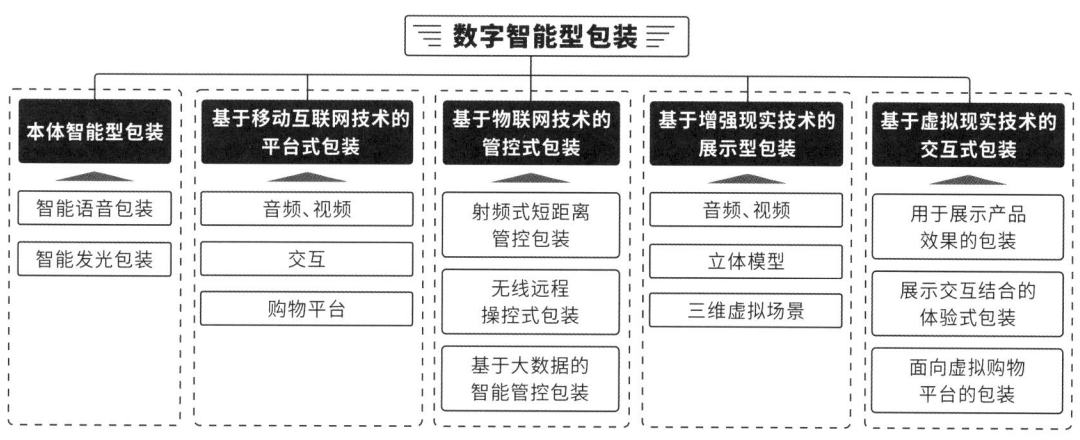

图1-1 数字智能包装分类体系结构图

1.4.2 材料智能包装

材料智能包装是指通过应用一种或多种具有特殊功能的新型智能包装材料，改善和增加包装的功能，以实现特定目的的一类新型智能包装。这类包装建立在其材料的特殊性与产品质量生命周期联动的基础之上，利用新型智能包装材料能够感应、识别和变化的特性，通过多种科学合理的艺术表现形式，让消费者更加直白地、趣味化地了解商品信息。材料智能包装在包装的展示销售、保鲜提醒、商品防伪以及安全防护等方面，也有良好的应用前景。基于材料本身及其应用在材料智能包装上所表现出来的功能特征，与材料智能包装联系较为密切的材料主要有变色材料、发光材料、水溶材料和活性材料四类。它们所对应的材料智能包装的类别分别是变色材料包装、发光材料包装、水溶材料包装与活性材料包装（图1-2）。

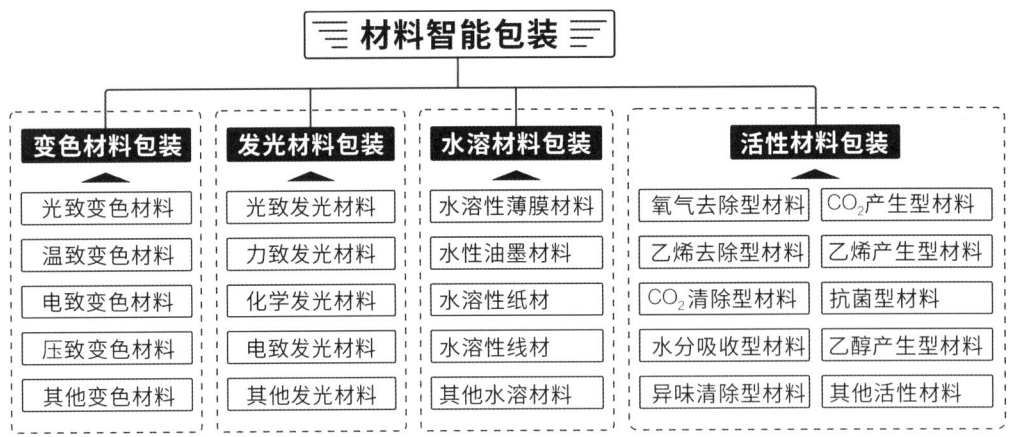

图1-2 材料智能包装分类体系结构图

1.4.3 结构智能包装

结构智能包装是指应用压力、弹力、机械设计等物理学原理,通过增加或改进某些部分的包装结构,使包装拥有某些特殊的功能和智能型特征,满足包装使用更加简洁、方便、安全的需求。结构智能包装通过这些新的特殊功能和智能特征,保证包装整体的稳定性、易用性及可靠性,并延伸至更深层次的安全性、便捷性以及管控性等功能特性。根据结构形式的区别,结构智能包装分为以下四类:按压式结构智能包装、计量式结构智能包装、障碍式结构智能包装、结构驱动式智能包装(图1-3)。

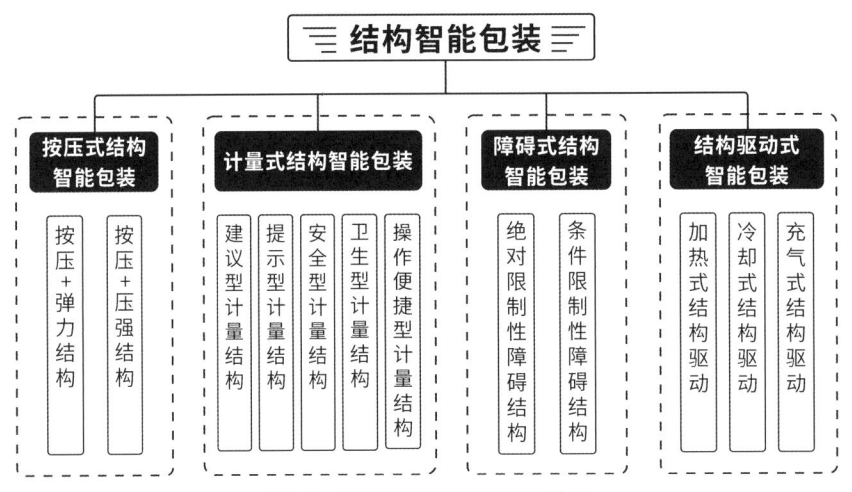

图1-3 结构智能包装分类体系结构图

第2章
智能包装的价值诠释

2.1 智能包装的安全价值
2.1.1 保护与监测内装物安全
2.1.2 保护使用者安全

2.2 智能包装的环保价值
2.2.1 实现信息载体的转移
2.2.2 实现包装的循环共享
2.2.3 实现资源的优化配置

2.3 智能包装的人性关怀
2.3.1 提升包装使用的便捷性
2.3.2 提升对弱势群体的关怀
2.3.3 提升包装的情感化表达

智能包装作为一种新型包装形式，同传统包装一样，其目的都是更好地为产品、人和社会服务。不同之处在于智能包装是在传统包装的基础上，应用了新型技术、新型材料或新型结构，从而增强了包装的某些特殊功能，实现了包装在生命周期中的特殊价值，包括商业价值和社会价值，这些特殊的功能和价值，共同组成了智能包装的功能价值体系，主要体现在安全、人性化和环保三个方面的特征（图2-1）。

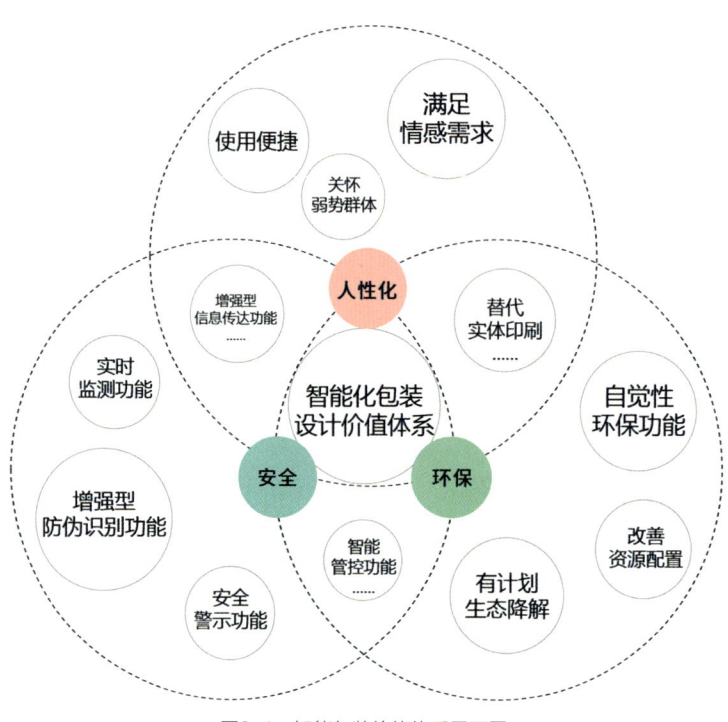

图2-1 智能包装价值体系展开图

2.1 智能包装的安全价值

随着智能包装技术的发展，其跨界融合的优势逐渐凸显，包装与数字信息技术、新型材料技术、智能结构驱动等智能技术的结合更加密切，包装本体的结构和装潢设计更加成熟，不断为商品存储、流通和使用提供新的安全防护策略。这种安全防护策略主要表现为智能包装对商品存储、流通和使用过程等方面进行积极的干预与保障，以弥补传统包装在安全性方面的不足。具体包括两个方面：保护与监测内装物安全、保护使用者安全。

2.1.1 保护与监测内装物安全

智能包装在保护内装物安全上主要体现在保护产品的存储安全和运输安全两个方面，即在产品的存储和流通过程中，使用智能包装对其进行安全风险管控来保证或延长产品的保质期。

【1】存储安全——保证或延长产品的保质期

智能包装会根据产品存储所需要的条件，通过采用一些具有特殊功能的材料和电子元件，对包装内外部的环境进行监测，必要时会进行一些自主性的调控，使包装的内外部环境平衡在一个适于产品存储的水平，从而延长产品的保质期。如常见的活性包装和温度自调控包装等。

活性包装通过在包装内加入一种或多种活性材料，使其吸收或者释放特定气体或物质，以构成完整的活性包装功能系统，如氧气去除型系统、二氧化碳清除型系统、二氧化碳产生型系统和乙烯产生型系统等。活性包装可以根据包装内部的状况自主地调整包装内环境（释放或者清除特定的气体、物质或微生物），以维持包装内部适宜贮藏、保鲜的环境条件，对延长蔬果、肉制品、海鲜、活物等产品的保质期具有良好的效果。温度自调控包装则是利用温度传感器实时感知包装周围环境的温度变化，并在特定的变化范围内做出应对措施。当包装内部环境温度过高或过低，不适宜内包装物安全存储时，温度传感器会将信息传递给控制器，然后控制器会下达指令采取某种技术手段进行吸热或者放热，以达到内包装物所需正常温度，从而保护商品安全。

【2】运输安全——安全风险管控

产品流通要经历打包存储、搬运、装卸、运输等过程，在这些过程中商品可能会遇到跌落、冲击、潮湿、高温、虫鼠危害以及偷盗、更换、冒领等不安全因素。智能包装通过对技术和材料的应用，能够实现对产品流通环节与流通环境的安全风险管控与安全追溯。除了对物流运输模式进行优化外，还对包装本体设计进行改进，使包装具备自主保护的功能，可以有效地应对这些潜在的威胁因素。

在流通过程中，智能包装应用射频识别（Radio Frequency Identification，RFID）技术、近场通信（Near Field Communication，NFC）技术、全球定位系统（Global Positioning System，GPS）等技术，可以对产品运输、入库、出库、相关人员、产品状态信息等数据进行记录，能够有效防止故意损坏、盗换的情况发生，这些数据可以作为后期查证的依据。另外，这些技术的应用也加强了产品的防伪功能。在流通过程中，针对产品可能遭受的具有致命性破坏作用的因素，如温度、湿度、气体含量等，智能包装可通过应用传感器或指示性的功能材料标签，实时监测流通过程中的包装环境，并对出现的问题，采取适当形式进行反馈和处理。

2.1.2 保护使用者安全

应用新兴数字技术、新型材料和结构的智能包装在承担保护产品功能属性责任的同时，能增强自身的信息传递效率和操作使用的安全性，减少消费者的产品使用障碍，提升包装的使用便利性。

【1】安全警示功能

智能包装的安全警示功能的实现是基于人的视觉、听觉、触觉等多感官的角度，通过在包装中应用声光电等具有指示功能的数字技术以及具有可变特性的功能材料，为消费者提供内包装物的相关信息（如新鲜度、微生物损害程度、产品真伪、操作方式等），增加消费者对产品的了解，方便使用者识别商品质量、状态，引导其安全使用。相较于传统包装，智能包装中的多种包装形式（如AR/VR展示包装、H5展示包装、变色包装等）采用的信息传达方式具有主动提醒、表现直观、信息容量大和时效性强的优势，使包装具备更加安全、高效、准确的信息引导与警示作用。如图2-2所示为针对低温监控而设计的冷温指示标签，在达到或超过特定温度时，标签就会不可逆地从白色变为红色，从而警示消费者此产品已经不能继续使用。该功能可用于冷链监控、新鲜食品的仓库/冰箱温度监控，或者疫苗的存储环境监控等领域。

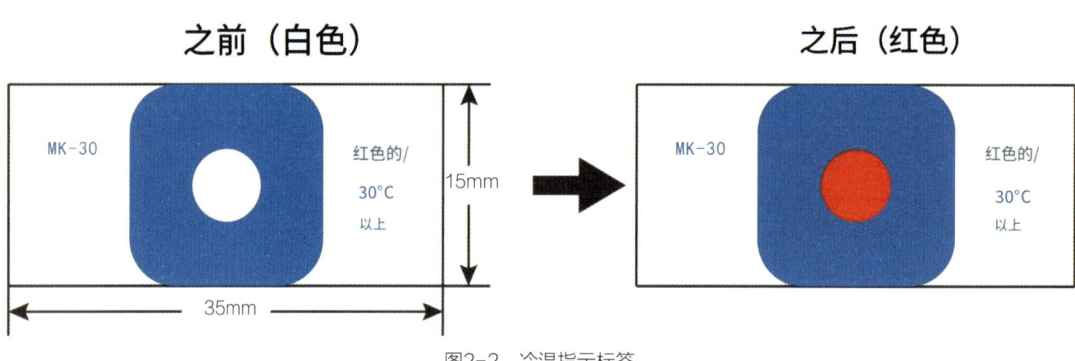

图2-2 冷温指示标签

【2】安全管控功能

智能包装的安全管控功能是针对包装在流通过程中可能引发安全问题的环节，通过采用多种包装技术、包装结构以及包装材料，实现包装存储及流通全过程的管理与控制，主要包括使用者的安全隔离与安全控制两个方面。

使用者的安全隔离是在一些具有特殊性质（危险性、腐蚀性或强氧化性等）的产品包装上，采取相应的材料技术，或对包装结构的某个方面进行限制性设计，以阻止产品与目标对象进行直接接触，防止造成安全隐患。可通过两种手段实现安全隔离的设计：一是针对特殊人群进行的安全隔离设计，如在药品包装上增加针对儿童的限制性结构设计，使儿童不能轻易开启，从而将药品与儿童"隔离"，以保障儿童安全；二是针对产品进行的安全隔离设计，如农药包装使用可在某种条件下直接降解的材料，达到农药调配时与使用者"免接触"的效果,从而间接地保护了消费者的使用安全。

智能包装的安全控制功能是在包装中加入电子元件,在其使用过程中能够根据产品特定的使用方式和使用频率有计划地对使用者进行提示和辅助操作,以达到对产品使用实行安全管理控制的目的。如专门针对临床试验市场开发的一种智能电子提示包装(图2-3)。该电子提示包装将导电油墨印刷在纸板泡罩嵌体上,并连接到嵌入包装中的蜂窝模块,以便包装能够在泡罩移除时记录下每个药片或药丸从泡罩包装中取出的日期、时间和地点等数据,并将这些数据经蜂窝网络即时上传至电子健康记录系统,同时,允许医生进行实时跟踪和干预。

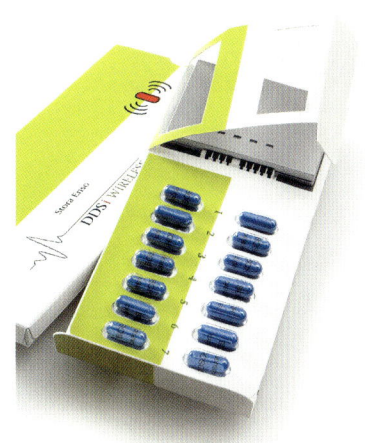

图2-3 电子提示包装

(3) 智能防伪功能

智能包装的智能防伪功能是在包装上应用材料防伪和数字防伪技术,保障产品在买卖、流通过程中的安全性,以保护企业和消费者的人身安全和财产安全。智能包装材料防伪形式众多,主要包括激光全息图像防伪、激光包装材料防伪、隐形标识系统防伪、激光编码防伪、喷码防伪、条形码识别防伪、电码防伪、承印材料防伪、凹版印刷防伪和印刷油墨防伪等形式。以激光标签在智能包装上的防伪安全应用为例,激光标签可使用激光彩色全息图制版技术和模压复制技术制备,因其技术特性使得制备的防伪标签极难被复制,具有防伪程度高且成本低的优势,可广泛应用于数码、医药、化妆品、饮品等行业领域。智能包装数字防伪则是利用二维码、RFID、NFC等技术对包装和产品添加唯一编码,方便进行产品的精准定位和智能识别,消费者拿到商品可通过获取编码信息与企业服务器数据比对即可判断商品的真伪。数字防伪识别操作简单且具有良好的防伪效果,但需要移动终端来读取和实现。以二维码为例,其在智能包装上的防伪应用一般是在包装上印刷唯一的二维码,消费者通过智能终端扫描该二维码进入相关网站,获取产品信息、企业信息及防伪信息,或者通过一些真伪验证的程序步骤,实现商品的真伪判断(图2-4)。

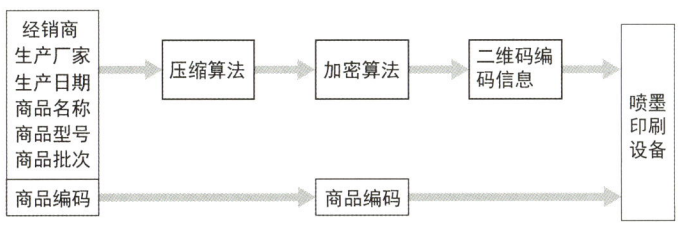

图2-4 二维码防伪技术流程图

2.2 智能包装的环保价值

智能包装的一个重要目标就是通过应用环保型智能材料、现代信息技术等方式，使包装产业符合现代化社会生态文明建设的发展需求，对白色污染、资源浪费等问题提出行之有效的解决方案，具体通过实现信息载体的转移、实现包装的循环共享、实现资源的优化配置三个方面体现智能包装的环保价值。

2.2.1 实现信息载体的转移

实现信息载体的转移是智能包装的重要特征，通过信息数字化展示来代替传统包装印刷形式达到环保的效果。智能包装借助移动互联网技术、RFID、NFC、二维码识别技术、物联网技术、AR/VR/MR技术等，以移动终端为表现载体将包装实体印刷信息以电子信息的方式展示出来。这种方式存在以下两方面的优势：一是减少资源浪费。将曾经在包装实体上印刷展示的信息数字化并转移到移动终端上显示，可以大量减少印刷油墨材料和印刷设备的使用，还能在一定程度上减少印刷过程中有害气体挥发，对人和环境也具有保护作用。二是增强信息展示的维度和效果。智能包装的数字化显示方式，可以通过移动终端展示与产品相关的图文、视频、动画等详细信息，在观感上比传统包装印刷所展示的信息更全面、生动与翔实，而且不受传统包装幅面的限制。以采用二维码技术为基础的平台式包装为例，用户只需通过手机、平板电脑等移动电子设备扫描包装上的二维码，即可识别进入电子信息展示平台进行浏览。这种平台式包装仅用一个简单的二维码就能满足消费者获取商品信息的基本需求，成本也大幅降低。因此，在未来的商品包装上，除了二维码，甚至不需要进行其他内容的实体印刷，可节约大量印刷资源。

2.2.2 实现包装的循环共享

实现包装循环共享是体现智能包装环保属性的另一个重要特征。共享包装主要是一种针对某些特定行业或者特定类型的包装，实现包装以"租"代"买"的方式，使包装能够在同一主体或不同主体之间，在不同物流流程中可重复使用的非固定式通用。这类包装由于具有可循环性、安全性的特点，可以代替传统物流快递行业中一次性快递包装，并且降低包装单次周转所需要的成本，特别是单位物品包装所需的环境成本。智能技术与共享包装的结合，可以使共享包装在物流运输中主动防范与改善可能遇到的不安全因素，为商品安全保驾护航。而共享包装模式反过来可以降低智能包装的成本，两者相辅相成，相得益彰。这类包装可以应用的领域包括：生鲜类产品、特殊蔬果类产品和快餐等需要特殊环境保护的包装；珠宝奢侈品包装、艺术品包装、文物包装等需要防盗的名贵物品包装；易碎品包装，如高档酒、3C电子产品、精密仪器等需要特殊保护的产品包装等。

2.2.3　实现资源的优化配置

实现资源的优化配置是体现智能包装环保价值的第三个重要特征，是通过应用大数据、云计算等技术，实现包装—平台—数据之间互联互通，从而打通线上线下的销售渠道的隔阂，以线上消费数据改善相应线下销售的资源配置，促使传统营销方式由全地域销售逐渐转变为资源合理分配的分地域销售方式，最终有效降低与包装相关的人力、物力及运输成本。不仅如此，智能包装的快速发展，除了拓展包装的功能和形式外，还能够对目前快递物流的优化配置和降低跨地物流的运输成本有积极的改善作用，这进一步推动了智能包装技术在网购包装和物流包装方面的应用。如使用RFID标签的智能包装，可以帮助仓库管理人员实时获取仓库商品储备及输入输出的数量，并根据平台接收的销售信息，合理分配不同区域的仓储容量，选择距离消费者最近的有货仓库进行商品配送。这类智能包装的应用，可以在商品运输过程中，将物品与互联网连接进行信息交换，实现对商品智能识别、定位、追踪、监测和管理，减少由商品流通带来的社会资源和自然资源的浪费，进而达到资源配置最优化的目标。

2.3　智能包装的人性关怀

随着生活水平的日益提高，人们在对衣食住行要求提升的同时，对包装的要求也在提升，从最开始的保护产品、方便运输、促进销售，逐渐向满足用户生理、心理需求转变。这就要求在包装设计时更加注重人性化，使包装在视觉和使用方面能够与人产生良好的互动。随着智慧城市概念的提出，产品与产品、产品与人之间的互联沟通逐渐成为当今社会的研究热点，智能包装则在安全保障、信息展示、便捷使用、满足弱势群体需求等方面达到了很好的应用效果，并能够更好地对接未来智慧城市的发展与建设。

2.3.1　提升包装使用的便捷性

提升包装使用的便捷性是智能包装人性化的重要体现。智能包装之所以被称为"智能"，是由于这类包装在面临特定的条件时能够自主感应、识别和变化，并且"主动"模拟人的动作，简化使用者的操作步骤，缩短操作时间从而提升包装使用的便捷性。如智能包装的智能开启、远程操控与便携操作等。

[1] 智能开启

智能包装的智能开启功能是针对一些特定使用情境或特殊目标人群，通过加入智能感应技术和特殊功能结构，达到包装在开启过程中能自主限制开启难度，调控开启条件，或者简化开启步骤的功能效果，在增加包装安全性的同时，提升操作效率。智能包装的开启方式一般可分为机械式开启和感应式开启两种。机械式开启是利用力学原理，结合相应的结构，实现包装的智能开启。如一款木糖醇"粒粒出"口香糖包装（图2-5），用户通过一提一按的简单动作，就可方便、卫生地取出一粒口香糖。感应开启是利用红外感应、光感、温感、压感、声感等感应技术，在受到相应的激发条件时，包装可自动开启。智能开启是体现智能包装"智能"性的一个重要方面，也是体现与传统包装差异性的关键设计。

图2-5 口香糖包装

(2) 远程操控

智能包装的远程操控功能具体而言是指借助互联网和物联网等技术，使人们可以打破距离和时间上的限制，针对一些特殊需求实现随时随地对包装的远程控制。例如，在智能包装上安装对某些因素（如重量、温度、湿度等）具有感知特性的传感器，使包装能够在上述因素产生变化时，对变化信息进行及时的收集并主动将数据传送到提前设置好的渠道，信息的接收人员可依据这些预警信息进行判断并采取相应的措施。

(3) 便携操作

智能包装的便携操作功能主要是利用技术、材料和结构的特性来模拟人的一些行为，从而精确满足某些特殊需求，简化使用者对包装的操作步骤，提高包装使用的便捷性。以一款食用油定量安全包装为例（图2-6），这款包装是利用一些特殊的结构实现精准计量的功能，以达成食用油单次定量、用量可控的目的，帮助用户在日常生活中精准掌控食用油的用量。包装由无硅玻璃和竹子两种材料制成，在包装的顶部

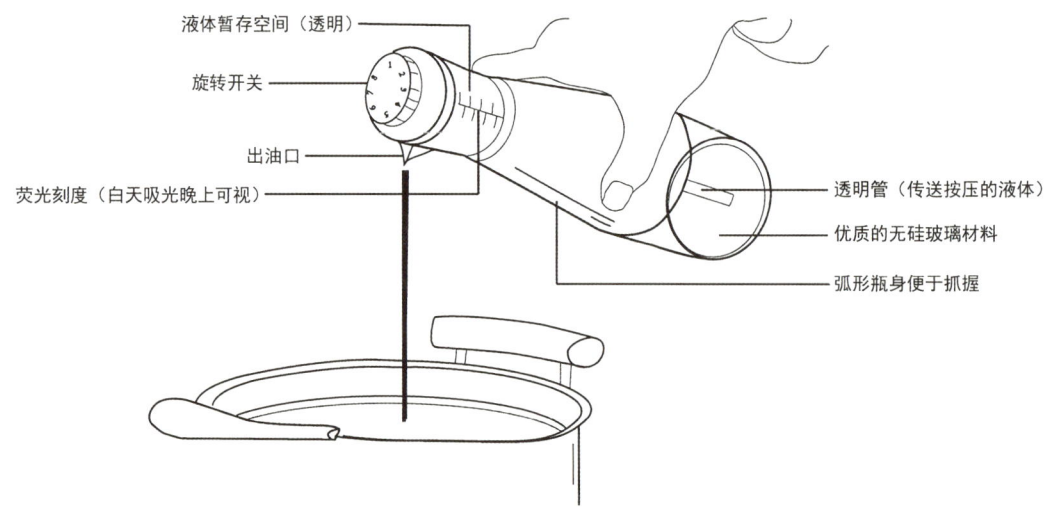

图2-6 智能食用油定量安全包装设计

有一个可旋转的转盘，转盘内部是与转盘一一对应的大小不一的空间，每个空间对应的是针对特定人数的食用油标准用量。使用时，可根据用量旋转到合适的位置，调好之后，转盘的内部元件就会自动把油存储到转盘对应的空间内，使用者只需在做饭时倾倒即可。

2.3.2　提升对弱势群体的关怀

智能包装人性化的另外一个重要体现是提升对弱势群体的关怀。弱势群体通常包括儿童、老年人、残疾人、精神病患者、失业者、贫困者、下岗职工、灾难中的求助者、农民工、非正规就业者以及在劳动关系中处于弱势地位的人群。由于生理、年龄、劳动能力等方面的原因，甚至传统社会中的观念、歧视等因素，往往会导致这类人群在体力、智力、机会等方面处于不利地位，这种不利在老年人、残疾人、儿童群体中体现得尤为明显。随着现代社会的进步，社会对于特殊人群的生活状态更加的关注，包装的"无障碍设计"也逐渐得到研究人员的重视。智能包装的无障碍设计往往是借助智能语音包装、智能发光包装等多种包装形式，将传统包装与传感器、语音设备、发光设备等元器件，与变色材料、发光材料等功能材料，以及与自加热结构、障碍式结构等巧妙结合，从视觉、听觉、触觉和嗅觉等感官方面针对不同的弱势群体进行包装设计，增强包装信息获取的无障碍和警示提醒功能，从而满足弱势群体在物质层面和精神层面的双重需求，使弱势群体可以享受到正常生活，缩小弱势群体与普通人之间的包装体验差距。

【1】无障碍信息获取

智能包装无障碍信息获取功能是指不同消费者在购买和使用智能包装过程中可以方便地获取包装所传达的信息。对于一些特殊人群，如视觉障碍的人群，智能语音包装利用语音技术和感应识别技术帮助这类人群从听觉感官获取包装信息内容。这种功能可以通过在包装上增加NFC标签实现，用户使用带有NFC功能的手机识别标签读取其中储存的内容信息后，经手机扬声器语音播报包装信息。这种智能包装回避了视觉障碍人群的缺陷，方便目标人群获取包装上的信息内容，降低了包装操作难度，提升了包装使用的人性化和便利性。

【2】使用过程的适度障碍

使用过程的适度障碍是指针对一些特殊人群，尤其是儿童群体，在一些产品包装中人为地设置一些具有阻碍性的结构，使包装不会被轻易地开启。以儿童药品包装为例，儿童好奇心强，喜欢模仿和尝试新鲜事物，但通常协调能力弱，判断能力差。智能包装针对儿童力量远小于成人，手掌小肌肉群协调能力差，不能完成较复杂的动作的特征和认知性较弱等特点，在包装上采用障碍式结构设计，以达到防止儿童随意开启药品包装的目的。目前市面中较为常见的具有适度障碍功能设计的儿童用品包装防护结构类型包括两方面，分别是安全瓶盖设计和泡罩防护设计。安全瓶盖设计主要有压旋盖、挤旋盖、暗码盖、拉拔盖、迷宫盖等，而泡罩防护设计主要采用的是双层泡罩保护。如图2-7所示，这是一款采用双层

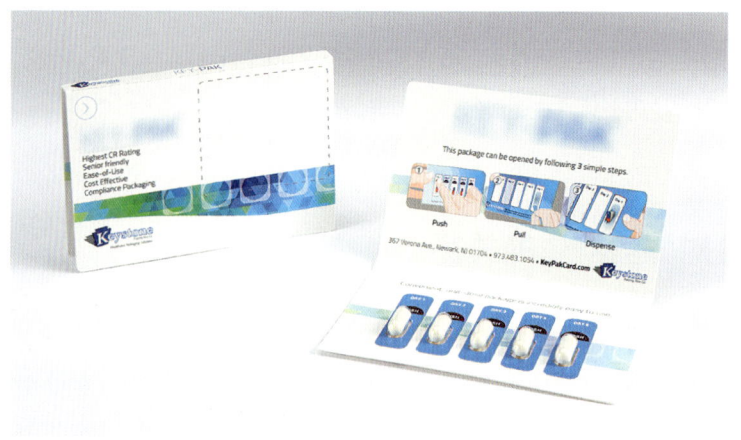

图2-7 适度障碍泡罩结构药品包装设计

泡罩保护的适度障碍药品包装,包装采用可对折或卷曲结构设计,将背膜隐藏于泡罩层内,通过固定元件锁紧后使包装不易被儿童随意开启。正确的开启方法是将药品从一侧泡罩推出,穿过铝箔进入到对侧带有易撕裂刻痕的泡罩中,将此泡罩撕裂后方可取出药品。这种结构的设计有效防止了儿童误拿、误食药品。

2.3.3 提升包装的情感化表达

智能包装可以利用声、光、电等技术形式,围绕用户的五官感受来丰富整体的展示效果,为包装的情感化表达提供多样化的表现形式。具体表现为两方面优势:首先是技术上的优势。智能包装中采用的智能发光技术、智能语音技术、大数据等数字信息技术,能够容纳和展示更多具有针对性的信息,简化包装的操作,为用户带来更加舒适的使用体验。其次是表现形式上的优势。智能包装还能够基于声、光、电技术为用户带来更加多样的感官感受,特别是动态的表现形式,以满足人们在消费和使用等环节的种种"情感"需求,包括优越感、归属感、温馨感、浪漫感、安全感、个性感、时尚感、愉悦感等。总的来说,智能包装能够针对人们日常生活需求进行设计,采用新的智能包装形式,给消费者带来意外的惊喜,使消费者在使用消费品的过程中建立起包装与人更深层次的情感关系。具体包括以下几个方面。

〖1〗多感官展示

智能包装的多感官展示是通过声、光、电技术的综合运用,使包装的展示由原来传统的视觉和触觉展示拓展到了视觉、听觉、嗅觉、味觉和触觉五感混合的多维感官展示,如"视+味交互""视+听交互""听+味交互""触觉、嗅觉与其他感觉的交互"以及多感官混合的交互等。相比于单一感觉,多种感官共同作用下的感觉具有更加深刻的体验,以"视+味交互"为例,研究发现相较于绿色和白色灯光,消费者对于在蓝色和红色灯光下喝红酒会给出更高的评价,同时也愿意支付更多费用,且蓝色和绿色灯光会让人感觉红酒的辣味和果味更重,以及红色灯光会让人感觉红酒更甜。相较于传统包装,智能包装更容易实现多感官的交互方式，并且能够以更加多样的形式表现出来，还可以根据消费者不同的性别、阶层、人群、场合、领域等进行针对性的设计，以增强消费者的购买欲望和使用体验感。

【2】趣味性交互

智能包装的趣味性交互通常是以移动互联网为依托，以增强现实/虚拟现实/混合现实（AR/VR/MR）等技术为主要展示技术，结合包装的本体设计，创造出趣味性十足的包装交互使用体验。如日本一家著名拉面品牌设计的一款智能包装（图2-8），其最大的特点就是用户在泡面时，可以使用手机扫描包装上的图案进入一个虚拟世界，同时在虚拟世界里会有一个少女出现，陪伴用户一同吃面。此外，这个虚拟少女还会引导用户正确食用产品，比如在5分钟的时候提醒用户面已经泡好，和用户进行互动，模拟人吃面的声音，在用户吃完拉面后还会善意地提醒用户要将拉面包装废弃物进行分类处理，具有很强的交互性和趣味性。

图2-8　AR拉面包装展示

第3章
智能包装的技术构成

3.1 智能包装驱动技术
3.1.1 传感器
3.1.2 指示剂
3.1.3 识别技术

3.2 智能包装材料技术
3.2.1 发光材料
3.2.2 变色材料
3.2.3 水溶材料
3.2.4 活性包装技术

3.3 智能包装展示技术
3.3.1 多媒体展示技术
3.3.2 增强现实技术
3.3.3 虚拟现实技术
3.3.4 混合现实技术

3.4 智能包装辅助技术
3.4.1 互联网技术
3.4.2 物联网技术
3.4.3 大数据技术
3.4.4 人工智能技术
3.4.5 印刷电子技术

智能包装作为一种技术驱动型的新型包装，其发展离不开艺术与科学技术的结合。其"智能"性的体现，需要借助现有发达的科技力量，将技术或新型材料与包装的功能紧密结合，以合理的造型结构为辅助，使包装的功能得到延伸和拓展，提升包装的附加价值和使用效率。根据技术的差异性及在智能包装中的作用，将智能包装的技术构成分为四大类，分别为：智能包装驱动技术、智能包装材料技术、智能包装展示技术和智能包装辅助技术。

3.1 智能包装驱动技术

智能包装能够通过感知周围环境，对商品的质量和流通的安全性进行积极的干预与保护，并通过对包装内商品的信息收集、管理与控制完成对包装流通与使用的系统化管理。这些功能效果的实现需要智能技术作为驱动和支撑，如感知周围环境变化并转化为电信号需要利用传感器技术，包装的流通安全和溯源管理则需要依靠射频识别技术，以及利用材料指示剂可以对商品质量进行监控与警示等。这些智能技术已经成为实现智能包装功能的底层驱动，所以被统称为智能包装驱动技术。当前智能包装中所运用的驱动技术主要有以下三种，分别是传感器、指示剂和识别技术。

3.1.1 传感器

传感器是一种将力、声、光、温度、湿度等非电量转化为电量的媒介。它是一种检测装置，能够将感受到的被测量信息按一定规律转化成电信号或其他所需的形式进行输出，以满足信息的传输、处理、存储、显示、记录和控制等要求。传感器作为实现包装自动检测和自我控制的首要环节，往往具有微型化、数字化、智能化、多功能化及网络化的特点，它在智能包装上的应用，使包装拥有了"嗅觉、触觉、听觉"等"感官"。根据感应因素的差异，传感器分为多种类型，其中应用于智能包装中的传感器主要为温度传感器、湿度传感器、光学传感器和重力传感器。随着印刷电子技术的发展，未来在智能包装中应用的传感器会变得越来越轻薄，成本也会越来越低。

(1) 温度传感器

温度传感器是科研和工业生产中最常见的一种传感器，它能将物体的温度转化为电信号输出，具有结构简单、测量范围宽、稳定性好、精度高等优点，主要应用于物流运输温度监控、温室大棚温度监控，或是空调等产品的温度显示。在包装中可以应用温度传感器监测某些对温度敏感的产品，确保管理者或消费者能够实时了解产品的保存环境。温度传感器还可以在温度异常时激发包装的警示提醒功能，以提升包装整体的安全管控效果。常用的温度传感器为热电偶传感器，它由两种不同材质的导体组成，如果将这两种导体在某一点连接起来并对这一点加热，由于材料电阻的差别，就会在它们不加热的部位产生电位差。该电位差的数值与不加热部位测量点的温度有关。如果精确测量这个电位差，再测出不加热部位的环境温度，就可以准确知道加热点的温度。

【2】湿度传感器

湿度传感器是测定环境中水汽含量的传感器。如电阻型湿度传感器的功能原理是根据湿敏电阻的特点在基片上覆盖一层用感湿材料制成的膜，当空气中的水蒸气吸附在感湿膜上时，元件的电阻率和电阻值都会发生变化，利用这一特性即可测量湿度。湿度传感器多用于物流运输温湿度监控、药品温湿度监控、药材储存温湿度远程监控、档案馆温湿度监控和烟草仓库温湿度监控等系统。其在包装中主要用于监测易受潮产品的湿度状态，可与作为包装警示功能的温度传感器触发开关一同使用（图3-1）。

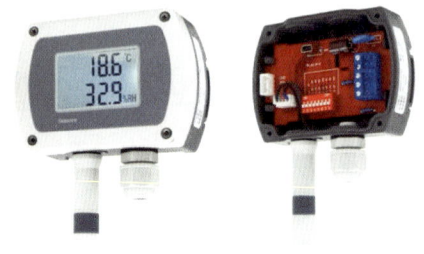

图3-1　温湿度传感器

【3】光学传感器

光学传感器是利用光敏元件把光信号转换为电信号进行观测的传感器，其敏感波长一般在可见光波长附近，包括红外线波长和紫外线波长，在自动控制和非电量测量中有着重要应用，是目前应用最广泛的传感器之一。光学传感器应用于航天、信息产业、机械、能源、交通等诸多领域，可用来检测目标物是否出现，或者进行各种工业、汽车、电子产品和零售自动化的运动检测。同其他传感器一样，光学传感器也可用作实现包装自动控制的触发开关，或用于监测需要避光储存商品的储运条件。

【4】重力传感器

重力传感器采用弹性敏感元件制成悬臂式位移器，与同样采用弹性敏感元件制成的储能弹簧来驱动电触点，完成从重力变化到电信号的转换。重力传感器多数是根据电压效应的原理来工作的，基本的原理是加速度使某个介质产生形变，通过测量其变形量并用相关电路转化成电压输出。重力传感器广泛应用于智能手机和平板电脑，除此之外还被广泛应用于汽车领域，如ABS防抱死制动系统、安全气囊等。重力传感器应用在包装上可以有效监测包装在运输过程中有无碰撞损害或是否超出包装的承载量，为共享包装等智能包装形式提供良好的技术支持。

3.1.2 指示剂

指示剂是一种具有指示功能的制剂,在一定介质条件下,其颜色能发生变化,常用于检测一些特殊物质。不同种类的指示剂,具有不同的功效,其应用领域也不同。在智能包装上,常用的指示剂有气体指示剂、新鲜度指示剂、时间-温度指示剂以及冲击指示剂等。

【1】气体指示剂

气体指示剂在包装中的应用是通过提供一种非侵入式的方法来监测包装完整性及包装内的环境状态。气体指示剂通过直接采集包装内致腐微生物代谢所产生的特殊性气体或包装破损泄漏的气体来监测并表现其质量安全状态。根据监测气体的差异,分为二氧化碳、氧气、挥发性含硫化合物、挥发性含氮化合物,以及乙烯敏感型气体指示剂五类气体敏感型指示剂。以二氧化碳敏感型指示剂为例,其可应用在乳制品及发酵类产品包装中,因为二氧化碳是这类产品中微生物生长过程的主要代谢产物,所以二氧化碳含量的上升意味着食品新鲜度的下降。氧气敏感型指示剂是食品包装中应用相对广泛的另一种气体指示剂,这类指示剂主要应用于食品气调包装内部氧气含量的监测与表征,若食品包装内氧气浓度升高,则会引起食品的氧化酸败、变色以及病菌等微生物的滋生。由于挥发性含硫化合物是肉类腐败臭味的主要来源,所以含硫化合物敏感型指示剂主要应用于肉制品包装。乙烯敏感型指示剂多用于果蔬类食品,在供氧充足的条件下果蔬会释放出乙烯,当乙烯的浓度增加过量时,水果容易成熟过度、新鲜度下降。

在智能包装中,气体指示剂可以有针对性地附加在各类商品的包装上,并不局限于食品类包装,还可应用于化学制品包装中来监测包装密封性等。气体指示剂在智能包装中的应用,通常是利用变色反应向使用者传达产品的质量情况,提升产品质量的辨识度,为消费者带来直观的判断参照。

【2】新鲜度指示剂

多数新鲜度指示剂的原理是基于食品腐败过程中微生物代谢产物引起指示剂变色,根据指示剂颜色的变化来体现产品的新鲜度,达到对食品新鲜度的判断与指示效果。例如,使用了新鲜度指示剂标签的牛奶纸盒包装(图3-2),在牛奶新鲜状态下包装上的蓝色单词"Milk"清晰可见,随着保质期的临近,"Milk"两边的字母会逐渐消失,最终褪变为"ill"(生病)字样,旨在提醒消费者产品已经过期,不可以再饮用。目前,对新鲜度指示剂的研究较为广泛,研究者针对鸡肉、鱼肉、点心等不同食品变质过程中产生的物质成分及含量差异,研制出了不同原理的新鲜度指示剂。在我国,用指示剂检验实际生产中食品污染和新鲜度的方法还比较少见,但新鲜度指示剂这一新的构想已经产生了许多专利并应

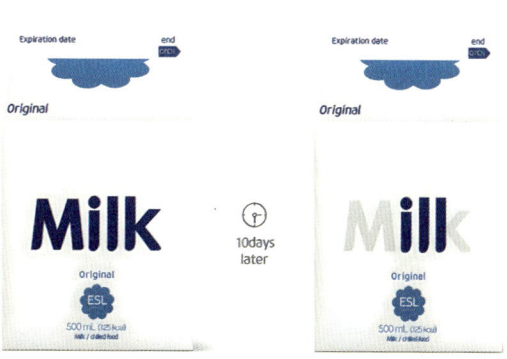

图3-2 新鲜度指示剂标签食品包装应用

用于实际生产。比如,以蓝莓花青素为原料制作的蓝莓新鲜度指示剂,应用于蓝莓包装,用以指示蓝莓果实在运输贮藏过程中新鲜度的变化情况。不同于气体指示剂的是,新鲜度指示剂主要应用于食品包装,在保障食品食用安全性方面有显著的效果。

【3】时间-温度指示剂

时间-温度指示剂是指一种可以测量目标所处时间与温度变化的简易装置,其特点是能够反映产品的全部或部分温度变化历史。时间-温度指示剂的工作原理是以机械变形或颜色变化的形式,来监测化学、酶或微生物等方面的不可逆变化。这些变化的速率通常与温度有关,且随温度的升高而提高。目前,技术较为成熟的时间-温度指示剂主要有三种类型,扩散型时间-温度指示剂、酶型时间-温度指示剂、聚合物型时间-温度指示剂。

时间-温度指示剂通常是贴在单个包装上用以监控食品的货架期(图3-3),同时还可监测食品从生产到运输再到货架上的整个流通过程的温度变化历程。这种类型的指示剂能够通过连续监控整个包装流通过程,发现并改善运输链中的薄弱环节,提供给消费者直观、准确的货架期信息,如应用于鱼和肉制品的冷链管理,用以监测和优化冷链运输过程。

【4】冲击指示剂

冲击指示剂是指当指示剂受到的冲击力超过其限定临界值时,其晶管会从白色变为有色,从而产生警示作用的一种指示剂(图3-4)。冲击指示剂的原理是由弹簧质量系统组成内部结构,色块起初位于设备中心有弹性的地方,当冲击超过预定检测的水平时,弹簧会释放色块并在显示窗中发生位移,使标签由原

图3-3 时间-温度指示剂标签食品包装应用

图3-4 冲击指示剂

来的白色变为有色,而块状物的位移表明超过了临界值和冲击方向。冲击指示剂也可提供若干个感应阈值,通过不同程度的外来冲击来设定不同阈值并表现出不同的颜色变化。以防篡改,冲击指示剂还具有变化不可逆的特点,即当块状物被激活后无法再回到原始位置,应用于包装中可提供受冲击后预警的功能。

冲击指示剂目前已广泛应用于物流领域,常贴于易碎货物的外包装箱上,监控货物的运输过程。在智能包装的应用中,冲击指示剂有明显的警示作用。其优势体现在以下方面:首先,体积小,质量轻,无论安装于包装内部或是外部都不会占用包装的储存空间;其次,能精准地检测包装运输环境,实时有效地反映运输状况,并且可引导物流工作人员进行正确的操作,从而避免内包装物在运输过程中损坏;最后,指示剂一旦变色便无法回到原始形态,可以真实地反映被包装物在运输过程中的状态。

3.1.3 识别技术

识别技术是以计算机技术和通信技术的发展为基础的综合性科学技术,它是信息数据自动识读、自动输入计算机的重要方法和手段。作为一种高度自动化的信息读取或者数据采集技术,识别技术的应用范围相当广泛,其中,应用于智能包装中的识别技术主要为条码识别技术、无线射频识别技术等。

【1】条码识别技术

条码识别技术始于20世纪中期的美国,基于计算机技术发展起来,是迄今为止最为经济实用的一种自动识别技术。它具有输入速度快、可靠性高、采集信息量大、灵活实用等优点,目前已被广泛用于工业、商业、图书出版、医疗卫生等行业。条码识别技术的条码可分为一维条码和二维码。由于二维码具有信息容量大、容错能力强、可引入加密措施、译码可靠性高等优点,因此,目前包装中多以应用二维码为主。二维码是按一定规律在平面(二维方向)上分布黑白相间的图形来记录数据符号信息的,通过图像输入设备或光电扫描设备自动识读以实现信息自动处理。二维码能够在横向和纵向两个方位同时表达信息,因此能在很小的面积内表达大量的信息。当前,人们使用手机即可轻松识别二维码。二维码的应用领域迅速扩张,比如印刷在报纸、杂志、广告、图书、包装以及个人名片等多种载体上,引导人们浏览网页,下载图文、音乐、视频,获取优惠券,参与抽奖以及了解企业产品信息等。

随着条码识别技术的不断普及与完善,其识别性能已经达到高度准确的水平并逐渐成为包装数字化信息的入口,人们利用智能手机便能随时随地获取精准的产品相关信息。传统包装通过实体印刷来展示信息的形式正在快速被这种数字展示形式所取代,"零"印刷的包装设计将成为保护环境和节约资源成本的有效方式。

【2】无线射频识别技术

①射频识别技术

射频识别(RFID)是一种非接触式自动识别技术,通过射频信号自动识别目标对象并获取相关数据,识别工作无须人工干预，能够同时识别高速运动物体及多个标签，操作便捷。它是20世纪90年代兴起的一项新技术，现已广泛应用于零售、物流、生产等行业。

由于RFID智能标签（图3-5）为商品管理、防伪、防盗等提供了有效手段，其在包装的各方面功能中都发挥着巨大的作用，能有效地保护企业和消费者的利益，因此引起了包装界的高度重视。在包装的仓储管理方面，将读写器安装在货架上，可以根据贴在商品包装上的RFID智能标签，检测出商品品种、位置和数量等信息，读写器与计算机网络相连，计算机就可以根据接收到的信息控制堆码机、叉车、拣货车等自动工作。同时，这种智能标签的使用还加速了订单处理速度，降低了拣货错误率。在大型超市和商场中，如果能够将RFID智能标签作为必备品安装在每件商品上，便可以利用货物管理系统不断更新商品信息，通过管理软件监管商品的进出货状态，通过电子智能实现更为严密的货物管理。在物流管理方面，RFID技术为实现供应链上各个节点之间的高效协同和信息共享提供了技术支撑，将整个操作过程中的人工干预降到最低，通过对无线标签的信息读写实现信息共享，从而提高物流作业效率和准确度。可见，在包装中使用RFID智能标签，对保障企业、经销商和消费者权益，以及降低管理成本、促进销售都有重要意义。随着印刷电子技术的成熟，其制备成本也会不断降低，未来在包装中的应用将会得到极大推广与发展。

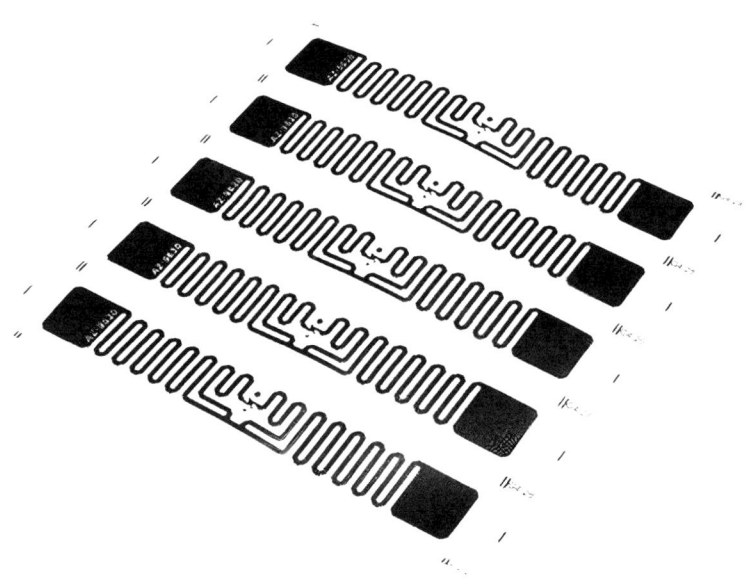

图3-5　RFID智能标签

②近场通信技术

近场通信（NFC）是一种与RFID相似的可用于包装上实现管控功能的技术，其特点是当装备此技术的任意两个设备相互靠近时，无须接插线缆即可实现设备间通信，这种技术特性有利于智能设备快速匹配和识别包装信息。NFC技术结合了非接触式感应以及无线连接技术，使用13.56 MHz频段，传输距离大约10cm，能够帮助人们在不同的设备间传输文字、音乐、照片、视频等信息。同时，该技术与移动终端结合还能够实现移动支付、电子票务、门禁、移动身份识别、防伪等功能。

【3】其他识别技术

①语音识别技术

语音识别是指将人类的声音信号转化为文字或者指令的过程，这种识别技术有着非常广泛的应用领域和市场前景。在语音输入控制系统中，语音识别技术可用于声控语音拨号、声控智能玩具、智能家电等领域；在智能对话查询系统中，人们通过语音命令，可以方便地从远端的数据库系统中查询与提取相关信息，享受自然、友好的数据库检索服务；语音识别技术还可以应用于自动口语翻译，即通过结合口语识别技术、机器翻译技术、语音合成技术等，可将一种语言通过语音输入后翻译为另一种语言语音输出，实现跨语种交流。随着计算机信息技术的不断发展，语音识别技术的应用范围与功能优势已经得到更深入的发掘与推广，其在包装中的应用也将会得到更多关注，特别是在人工智能包装领域将大有可为，如通过语音指令查询产品信息等。

②指纹识别技术

指纹识别技术具有唯一性、方便性和可靠性，是一种成熟的生物特征识别技术。所谓生物特征识别技术，是指利用人体所固有的生理特征或行为特征来进行个人的身份鉴定。常用的生物特征识别技术有指纹、人脸、声纹、虹膜等识别技术，指纹识别技术应用最为广泛，通过比较不同指纹的细节特征来进行鉴别。该技术主要涉及四个功能：读取指纹图像、提取特征、保存数据和信息比对。通过指纹读取设备读取人体指纹的图像，然后对原始图像进行初步的处理，使之更清晰，再通过指纹辨识软件建立指纹的特征数据，计算机通过模糊比较的方法，将两个指纹的模板进行比较，计算出它们的相似程度，最终得到两个指纹的匹配结果。

当前，指纹识别技术多用于身份认证和门禁管理。在身份认证方面，指纹识别广泛应用于刑事侦查和罪犯鉴别、个人储蓄业务、教育考试系统、指纹身份证、指纹支付（手机购物）、证券交易、社保系统等领域。在门禁管理方面，指纹识别技术可用于防盗门、金库大门、保险柜等门禁系统。指纹识别技术在智能包装领域的应用可全面提升包装防窃取能力。使用者购买这类产品后，使用者的信息会通过互联网提前录入到包装，使用者在拿到产品时需要进行指纹识别才能开启包装。

③人像识别技术

人像识别技术是人体生物特征识别技术中一种较为前沿的识别技术，是基于最先进的数字处理技术，依据人面部生物特征的唯一性而研发的。人像识别技术的核心是将目标图像的脸部特征自动提取出来进行数字处理编码、微单元取样、几何模型组成及识别算法处理。人脸图像识别系统的原理框架如图3-6所示，由两部分组成，分别是图像处理部分和图像识别部分。两部分的主要区别在于，前者只对图像进行物理加工，而后者则对图像信息进行分析并给出识别结果。

由于人像识别技术的独特优点，其也可应用于未来的智能包装领域，如在智能共享快递包装中，客户信息可以网上录入包装，包装外部不需粘贴过多的信息，当使用者收到快递时只需通过人像识别技术的检验即可开启包装拿出内部的产品，包装回收后再重新录入新的使用者信息，以便重复利用。

④图像识别技术

图像识别技术是通过对存储的信息（记忆体中存储的信息）与当前的信息（当时扫描获取的信息）进行比较，对图像进行识别的一种技术。该技术实现的前提是图像描述，图像描述是用数字或者符号表示图像或景物中各个目标的相关特征，甚至目标之间的关系，最终得到的是目标特征以及它们之间关系的抽象表达。在某些具体的应用中，图像识别除了要给出被识别对象是什么物体，还需要给出物体所处的位置和

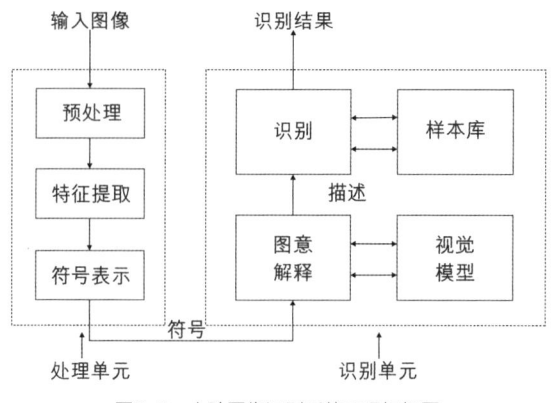

图3-6 人脸图像识别系统原理框架图

姿态以引导计算机工作。随着计算机技术的不断发展,图像识别技术也在不断优化,其算法也在不断改进。目前,图像识别技术在智能包装中的应用往往是作为一种信息平台或虚拟现实场景的入口,人们通过使用智能手机等终端识别包装上的图像,进入预设的信息传播页面或虚拟场景。

3.2 智能包装材料技术

智能包装材料是指能实现智能包装某种特殊功能的新型材料,其对某种特定的环境或条件具有感应、识别和可变的功能。目前,智能包装材料技术发展趋于成熟,其表现形式与类别也较为多样化。基于材料本身及其应用在材料智能包装上所表现出来的功能特征,与材料智能包装联系较为密切的材料主要有发光材料、变色材料、水溶材料、活性材料四类。

3.2.1 发光材料

发光材料是一种能够以某种方式吸收能量,并将其转化成光辐射(非平衡辐射)的物质材料。简单地说,就是在物质材料受到激发(射线、高能粒子、电子束、外电场等)后,可以将激发态的能量通过可见、紫外或是近红外电磁辐射的光和热的形式释放出来,且能持续一定的时间。其在视觉形式上,与变色材料并没有什么特别的差异,都是通过颜色的变化来识别的,因此部分发光材料也被称为发光变色材料。在实际应用中,常用发光材料有发光油墨、发光涂料、发光陶瓷、发光玻璃、发光塑料、发光纤维、发光薄膜等,这些材料应用在包装上可以实现安全警示、多维展示、防伪以及互动娱乐等多种功能。根据其发光原理,又可大致分为以下五种类型:光致发光材料、力致发光材料、化学发光材料、电致发光材料、其他发光材料。

(1) 光致发光材料

光致发光材料是指在紫外光、可见光或红外光的照射下，自身可以产生发光现象的一种材料，可按发光延迟时间的不同分为荧光和磷光。荧光是物质分子接受光子能量被激发后，从激发态的最低振动能级返回基态时所发射出的光。磷光则是一种缓慢发光的光致冷发光现象，当物质经某种波长的入射光照射，吸收光能后进入激发态，然后缓慢地退激发并发出长于入射光的波长的反射光（通常波长在可见光波段）。其中，发光材料的激发光的波长、发射光的波长、发射光的强度、光的颜色、发光效率是衡量材料发光性能的重要指标，在包装中应用具有增强型防伪、增强型展示以及趣味性体验等功能效果。

(2) 力致发光材料

力致发光，也称压致发光，是一种很早就被人类认识的光学现象，即某些材料能在受力、摩擦、刮擦、超声波振荡等影响下发出光的现象，这种受到应力作用而产生发光现象的材料被称为力致发光材料。力致发光材料颜色发生改变的原理可分为两种：一是改变分子化学结构，二是改变分子物理聚集状态。前者是材料分子在外力作用下发生了化学反应，即发生了旧键的断裂和新键的形成，本质上是受力前后形成的不同分子所发出的不同颜色的光；而后者则是在外力的作用下，材料分子之间的堆砌方式、分子构象或分子间相互作用等发生了改变，从而影响到分子的能级水平，导致了发光颜色在受力前后的差异。力致发光材料由于其功能特性，不仅可以增加包装的独特性，还可以监测包装表面的受损情况，在包装的防伪、传感、检测、安全防护等诸多领域有着潜在的应用前景。

(3) 化学发光材料

化学发光是指至少两种物质在进行化学反应时，吸收了化学反应释放出来的能量，从而从低能级基态跃迁至高能级激发态，再由激发态返回基态的过程中发射出具有一定波长的光，这种光辐射现象被称为化学发光，而参与反应的材料被称为化学发光材料。市场上常见的荧光棒就是化学发光材料的典型应用，经弯折、击打、揉搓等动作后，内部原本被隔离开来的化学材料接触和混合，发生化学反应而发光。在包装领域，化学发光材料可以应用于具有互动娱乐性质的礼品包装、酒包装或者其他包装上，烘托环境气氛，提升包装的趣味性。

(4) 电致发光材料

电致发光是一些物质受到外界电场的作用而发光，也就是电能转换为光能的现象，能够表现出这种性质的材料被称为电致发光材料。具有这种性能的物质可作为一种电控发光器件（一般是固体元件），具有响应速度快、亮度高、视角广的特点，同时易加工，可制成薄型的、平面的，甚至是柔性的发光器件。广泛应用于平板显示、OLED、电致发光冷光标、电致发光纤维等领域，可作为辅助器件在包装领域加以应用。

(5) 其他发光材料

发光材料的种类众多，除了以上所介绍的，还有一些其他的发光材料，如热致发光材料、阴极射线发光材料、生物发光材料等，目前这些发光材料在包装上基本没有应用或者应用较少，这里不做重点介绍。

3.2.2 变色材料

变色材料，是指材料自身受到外界激发源作用时，可发生颜色变化的材料。这类材料一般对环境中的特定因素（如光电、温度、应力等）具有响应性与敏感性，并能够产生相应的颜色变化，其变化的效率、范围、样式、强度等受激发源与材料自身性能的影响。随着生产技术逐渐成熟，越来越多的变色材料开始应用于包装领域。变色材料通常具有感知周围环境变化、实时响应并表现相应视觉变化的功能，即材料的感应、识别和可变性，应用于包装中能使其具备某些智能特征，可以模拟或代替人类的某些行为，实现更多特殊功能。常用的变色材料包括光致变色材料、温致变色材料、电致变色材料和压致变色材料。

(1) 光致变色材料

光致变色是指物质在受到光源激发之后能够产生颜色变化的一种现象，具有这种特点的材料被称为光致变色材料。根据其组成结构，一般可以分为有机光致变色材料和无机光致变色材料两大类型。光致变色材料一般可用于包装的展示、销售、防伪等领域。如图3-7所示，采用光致变色油墨的啤酒包装，可根据光照条件自动变换不同颜色，光照条件下温度高时为暖色，无光照温度低时为冷色，以此吸引消费者体验冰冷啤酒的清爽口感。另外，利用光致变色材料在受到不同强度和波长的光照射时可反复循环变色的特点，还可以将其制成计算机的记忆存储元件，实现信息的记忆与消除，可在智能包装领域代替传统电路使用。

图3-7 光致变色材料包装

(2) 温致变色材料

温致变色材料指某类化合物或混合物在受热或冷却时，其自身颜色会发生改变的特殊材料。温致变色材料依据实际效能的不同，有不同的分类。根据变色温度的高低分为低温（<100℃）变色材料和高温（>100℃）变色材料；根据材料变色的效果是否可逆，分为可逆温致变色材料和不可逆温致变色材料。可逆温致变色材料制备的变色物品是环保型的，可重复使用；不可逆温致变色材料制备的产品则是一次性的，改变一次颜色后不再变化，可用于监测包装所在环境温度是否超过指定阈值。温致变色材料具有较好的耐温性、耐久性、耐光照性及很好的混合加工性，制备相对简便。常用的温致变色材料有温敏变色包装

图3-8 温致变色材料包装

油墨、温敏变色包装涂料等，可用于化学防伪、测温和食品、电器的温度指示等。在包装领域，温致变色材料多应用于食品包装、药品包装和日化用品包装，用来监控包装的存储运输环境并在产生异常情况时发出变色警示，或提供一些趣味性功能。如图3-8所示，一款采用温致变色材料的可乐罐包装，在不同的温度下，可乐罐可以逐步变化为绿、蓝、银等多种颜色，兼具观赏性和趣味性。并且在消费者饮用过程中，由于液体温度与罐体温度存在差异，包装外观也会产生丰富的颜色变化，以此吸引年轻消费群体产品互动，提高产品销售额。

(3) 电致变色材料

电致变色材料，是指材料在电场作用下，产生稳定可逆的颜色变化。其颜色变化的程度与注入或抽出电荷的数量有关，因此可以通过调节外界电压或电流来控制电致变色材料的变色程度。电致变色材料可分为有机电致变色材料和无机电致变色材料两种，两者在应用上各有优势。有机电致变色材料具有费用低、光学性能好、颜色多变、颜色切换快等优势；而无机电致变色材料在化学稳定性、抗辐射性能、与基板结合牢固性等方面的优势更为突出。在实际应用中，电致变色材料可用于制备电致变色器件，如图案化显示器件、有机电路、电子纸、传感器、电子显示屏等。尽管这些器件在当前包装领域的应用并不多见，但随着纳米技术与印刷电子技术的发展，会大大降低这些器件的生产成本，未来有望在包装领域普及应用。

(4) 压致变色材料

压致变色材料，是指在受到外力刺激时颜色会发生改变的材料，其原理是材料的发光波长对刺激产生明显响应。这种改变虽然从视觉上看，属于变色的范畴，但究其根本，是材料在受到外界压力或研磨时，其自身发光的性质发生改变，产生了颜色变化的现象，所以称之为压致变色。由于材料的发光颜色或光谱可以用肉眼观察或用仪器进行定量检测,因此,压致变色材料在防伪、传感、检测、数据记录和存储等诸多领域有着潜在的应用前景。

3.2.3　水溶材料

水溶材料又称水溶性高分子化合物或水溶性聚合物,具有很强的亲水性能,能溶解或溶胀于水中形成水溶液或分散体系。在不同离子度、酸碱度、温度等因素的作用下,水溶材料呈现出的水溶性能也不同,因此,可以通过调节外部条件,对材料的水溶速度进行调控。多数水溶材料具有环保可降解的性能,可以减少由于包装废弃所带来的污染问题,这就使得水溶材料逐渐成为未来包装行业的热门材料之一。在实际应用中,水溶材料具有多种类型,但与包装领域密切相关的主要包括水溶性薄膜材料、水溶性油墨材料、水溶性纸材和水溶性线材。

(1) 水溶性薄膜材料

水溶性薄膜材料是一类可溶于水的膜状材料的统称。这类材料都具有一种共性,即水溶性能较好,这就决定了其在一些特殊的包装领域会更有应用价值。依据材料主要基质的不同,目前的水溶性薄膜材料主要分为两种:可食用性水溶膜和PVA水溶性薄膜。

①可食用性水溶膜

可食用性水溶膜是以可食性生物大分子物质为主要基质,辅以可食性增塑剂,通过一定的处理工序使各成膜剂分子之间相互作用,在干燥后形成的具有一定力学性能和选择透过性的结构致密的薄膜。可食用膜按原材料不同大体上可分为四类:蛋白类可食用膜、多糖类可食用膜、淀粉类可食用膜、复合型可食用膜。这里所提到的可食用性水溶膜主要是指亲水性能较好的多糖类可食用膜和淀粉类可食用膜,常见的如糖果、糕点等外层可以食用的薄膜包衣。可食用性水溶膜的性能比较稳定,适于长期贮存,且具有较好的水溶性、热封性能和印刷适性,是一种安全、无毒的包装材料,可用于胶囊药丸包装、可食用水包装、营养可食用调料包装、内衬包装以及一些食品的内部小包装等。

②PVA水溶性薄膜

PVA(聚乙烯醇)水溶性薄膜是一种经特殊工艺处理加工的新型膜状包装材料(图3-9),可在水的作用下,迅速自行变性、分解为低分子化合物,还能根据外部条件的不同,特别是温度差异来调节水溶速度,并呈现高降解性。其主要原料是低醇解度的PVA,利用PVA的成膜性、水溶性及降

图3-9　PVA水溶性薄膜材料包装

解性，添加各种助剂（如表面活性剂、增塑剂、防粘剂等）制作而成，具有良好的水溶性、抗静电性、气体选择透过性、力学性能、热封性能、耐化学性能及印刷性能等。PVA水溶性薄膜的外观与我们日常所接触的普通塑料薄膜相差无几，但两者在性能上却相去甚远。普通塑料薄膜废弃后产生的白色垃圾是一种很难降解的长期污染源，而大部分的PVA水溶性薄膜是可降解、环保无污染的。

【2】水溶性油墨材料

水溶性油墨也称水性油墨或者水基油墨，是一种以水为主要溶剂，由水性高分子化合物形成的水基联结料与颜料及相关助剂经复配研磨加工而成的印刷油墨。因部分水溶油墨具有无毒、不可燃、无异味以及不含挥发性有机溶剂等优良的环保性能，相较于传统印刷油墨在使用上更加安全。水溶性油墨还可与其他材料融合，在包装上实现智能防伪、警示提醒等功能，因而在现代包装印刷行业受到越来越多的关注。在美国，95%的柔性版印刷品和80%的凹版印刷品都采用水溶性油墨印刷。为顺应国际环保趋势，我国已明确将水溶性油墨及其相关原材料列为今后油墨行业研发重点以及主要发展方向，提高水性油墨在食品包装、药品包装、酒包装、儿童玩具包装等领域的装潢印刷中所占的比重。

【3】水溶性纸材

水溶性纸材的发明与应用是材料领域新的突破（图3-10），其能够在一定湿度的环境下逐渐降解或者在水中快速溶解。水溶性纸材是由羧甲基纤维素和木浆组成，稠度像纸一样，可以做成各种厚度，也可做成板材，或用特殊的涂层材料来对其性能进行增强。纸质材料在包装中的应用极其广泛，几乎涵盖了所有的包装领域，水溶性纸材的发明和应用对于纸包装行业的发展可谓是如虎添翼，对于环境保护也有着非凡的意义。如一款由水溶性纸制成的包装纸袋，可在40s甚至更短的时间内完全溶解于水中。该水溶性纸袋可避免用户直接接触有害的干化学品、农药化学品和医疗用品，通过隔离使用，起到保护人身安全的作用（图3-11）。

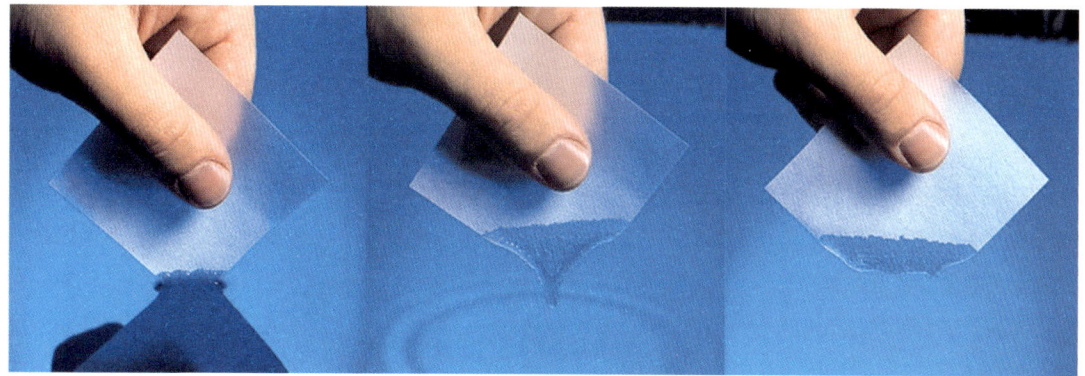

图3-10 水溶性纸及其溶解过程

(4) 水溶性线材

水溶性线材是以水溶性纤维材料为主要原料制成的线材料，在非溶解状态下具有牵引、计量、捆扎等功能，并且能够编织成网、布等制品。不同的制品具有不同的功能，可用于一些包装的捆扎、缠绕等操作，还可以将其编织成网和布后用于包装鱼食、鱼饵或其他物品。

图3-11 水溶性纸袋包装

3.2.4 活性包装技术

活性材料包装，也可称作活性包装，是指通过材料中的活性成分来改变食品的包装环境（氧气与二氧化碳浓度、温度、湿度和微生物等条件），以保证食品品质不发生变化并延长其货架期，改善食品安全性和感官特性的一种包装体系。根据活性包装中活性物质的作用方式，可将活性包装系统分为两大类：吸收型活性包装系统和释放型活性包装系统。吸收型活性包装系统是指在包装材料中结合活性物质或者在包装中放置用活性物质特制的小袋，用于吸收包装内环境中促使食品腐坏变质的成分（如氧气、二氧化碳、乙烯和多余的水分等）；而释放型活性包装系统是将活性物质用添加、涂覆或共混等方式，直接与包装材料融合，制成衬垫、薄膜等。活性物质在包装制作完成之后缓慢逸散，向包装内释放抗菌、防腐等活性物质，从而达到保鲜、抗菌的目的。

活性包装技术在材料中结合去氧剂、抗菌剂、异味（腐味）消除剂、水分和二氧化碳控制剂等不同制剂构成不同的活性包装系统，从而在保证食品安全品质的同时，起到延长食品货架期限、减少包装异味等作用。目前，活性包装已广泛应用于生鲜食品、果蔬、医药及日用品等包装中，具体包括肉类包装、活鲜鱼类的包装、动物雏苗（鸡、鸭等）的包装、菜苗的包装、果（树）苗的包装等。

3.3 智能包装展示技术

随着科学技术的不断发展，包装的信息展示已经能够利用新技术与多种展示形式结合，以实现包装信息的非物质化转移，提供多样的感官效果。包装信息的非物质化转移最主要的途径是将包装信息数字化以脱离包装本体的限制，这种方式不仅丰富了包装的展示方式和展示效果，还能减少包装印刷，实现包装的减量化和绿色化。智能包装的数字展示技术多种多样，这种技术与设计的结合将极大提升包装的魅力与实用价值，改进包装的展示形式，提升包装安全性与稳定性。目前较为成熟的展示技术主要有多媒体展示技术、增强现实技术、虚拟现实技术和混合现实技术四类。

3.3.1 多媒体展示技术

多媒体展示技术是利用计算机对数字化的文字、图形、图片、动画、声音以及视频等媒体信息进行处理、分析、传输,以及交互性应用的技术。多媒体展示技术的应用领域十分广泛,其展示途径和展示形式也多种多样。多媒体技术在智能包装中的应用通常需要借助相应的平台来实现,主要的展示平台有H5展示平台、App应用程序展示平台、小程序展示平台。

【1】H5展示平台

H5是HTML5的简称,HTML全称为Hyper Text Mark-up Language,中文译为"超文本标记语言"。HTML是一种创建网页的方式,是网页的开发端和接收端约定如何标记标题、正文、图片、文字样式等页面内容的一整套规范。数字"5"则是指HTML的第五次重大技术修改,其标准规范于2014年10月最终制定并在全球推广。H5页面是利用HTML5的编码技术实现的数字应用,可以表现为游戏、广告和邀请函等。虽然H5是HTML5的简称,但H5又不等同于HTML5,H5不仅指代了利用HTML5技术实现的Web广告,还覆盖了HTML5、CSS和Java Script等基于HTML5相关技术的社交媒体互动广告应用的集合。

H5的最大优势是适用于多种操作系统(iOS、Android、Windows),而且这种通用开发技术开发周期短、传播性强,能以轻应用的形式带动品牌的传播。H5平台的展现形式有多种:a.幻灯片播放型H5页面。以文案和音乐来打动人心;b.细节展示型H5页面。聚焦于产品的功能介绍,向消费者直观地展示产品的造型、功能和设计理念;c.场景体验型H5页面。利用交互技术营造沉浸式的交互体验场景,让消费者不是被动地接收信息,而是有选择性地获取信息;d.交互游戏型H5页面。利用游戏互动的形式,设计游戏环节和挑战,让消费者更加有参与感。目前,H5展示平台在微信等社交软件中应用较广,主要目的是通过广告传播、互动娱乐等形式对品牌进行推广。将H5平台的展现形式与智能包装结合,可以增强包装的多维展示能力,提升产品的信息宣传能力。

【2】App应用程序展示平台

App是Application的缩写,即"应用"。伴随着以智能手机为代表的移动互联网以及移动智能终端的兴起,App目前已特指专为移动互联网或移动智能终端开发的软件应用程序,该应用的操作系统具有多样化的特点,主流的操作系统可分为iOS系统、Android系统和Windows系统。

App应用程序功能强大,具有人性化、智能化的特点。根据对目前国内外App的广泛调研结果,通过对移动应用未来的展望以及理论分析,可以将App分为六大类别:通信沟通、媒体传播、生活辅助、休闲娱乐、工具支持和行业应用。随着应用程序平台体系的日益成熟,App展示平台也逐渐与包装相结合,消费者在App上可以查看产品3D模型、图片和视频信息,还能购买产品,扩充了消费者的信息获取渠道。

(3) 小程序展示平台

小程序实现的功能与App大体一致，但小程序是一种不需要下载安装即可使用的应用程序，它的使用成本较低，操作简单。用户通过"扫一扫"或者"搜一搜"，即可打开应用，体现了轻量使用的理念。小程序的使用与推广，能有效控制使用成本，降低操作难度。在功能应用方面，小程序与包装的结合同样可以实现产品的3D展示功能、视频交互功能、在线平台购买功能等。

3.3.2 增强现实技术

增强现实（Augmented Reality，AR）技术是一种实时计算摄影机影像的位置角度，并添加相应图像、视频、3D模型，将真实世界信息和虚拟世界信息"无缝"集成的新技术，这种技术的目标是在屏幕上把虚拟世界套在现实世界中并进行互动。该技术的定义主要由两个观点发展而来，一是源于1994年Paul Milgram和Fumio Kishino提出的"虚拟现实连续体"（图3-12），二是由1997年Ronal Azuma提出的"能够连接现实和虚拟环境、进行实时交互、三维空间注册的系统"。后者认为增强现实技术应具有三个具体特征：a. 虚实结合。增强现实技术没有完全取代现实环境，反而更依赖现实世界，它依靠计算机技术将图片、视频、三维模型等和物理世界相结合，让物理世界和虚拟对象合为一体。b. 三维注册。增强现实技术实时跟踪相机的姿态计算出相机影像的位置及虚拟图像在真实场景中的注册位置，以实现虚拟场景和真实场景的完全融合。c. 实时交互。它是指用户能够通过在现实世界输入指令信息及时获取相应的虚拟世界反馈信息。随着科技的发展，增强现实技术越来越贴近人们的生活，不仅成为近年来国外众多知名大学和研究机构的研究热点之一，在医疗、教育、军事、工业、广告、游戏和旅游等领域也有更为广泛的应用。

将增强现实技术运用到包装上，可以带给商家及消费者多方面的优质体验：第一，增强包装的信息维度。以往的营销包装传递信息的方式单一、传递内容有限，多为二维纸质文字说明。AR包装突破平面印刷的限制，可使包装信息多元化、数据实时更新，以及生成生动有趣的海量资讯信息（视频、音频、3D模型或动画等形式）。第二，增强用户与包装的交互性，使传统包装印刷品从静态转向动态、从单向阅读走向双向交互体验。虚拟信息的动态传达更能满足用户的互动娱乐诉求，丰富其购物体验。第三，增强用户对品牌的认知力。在移动网络、多媒体渠道和互动空间共同融合趋势的推动下，AR技术能够完成现实世界中的物理对象与网络数字空间的无缝整合。在品牌营销方面，AR广告能压缩效果层次，将传统媒体上广告效果发挥的三个层次（认知→受影响→产生购买行为）在时间和空间上压缩在一起。

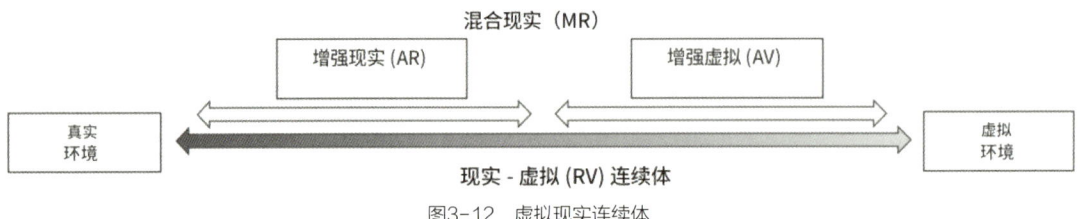

图3-12　虚拟现实连续体

3.3.3 虚拟现实技术

虚拟现实（Virtual Reality，VR）是以计算机技术为核心，结合相关科学技术，生成与一定范围真实环境在视、听、触感等方面高度近似的数字化环境，用户借助必要的装备与数字化环境中的对象进行交互作用、相互影响，可以产生亲临对应真实环境的感受和体验。虚拟现实是人类在探索自然、认识自然的过程中创造产生并逐步形成的一种认识自然、模拟自然，进而更好地适应和利用自然的科学方法和科学技术。其技术系统主要包括：a. 输入输出设备，如头盔式显示器、立体耳机、头部跟踪系统以及控制手套等；b. 搭建虚拟环境的开发平台，用以描述具体的虚拟环境的动态特性、结构以及交互规则等；c. 计算机系统以及图形、声音合成设备等外部设备。

VR技术的应用主要集中在培训与演练、规划与设计、展示与娱乐三个系统。其中，培训与演练类系统的特点是对现实世界进行建模，形成虚拟环境以代替真实的训练环境，操作人员可以参与到这一虚拟环境中进行反复的操作训练和协同工作，达到与在真实环境中训练相近的效果；规划与设计类系统的特点是对现实中尚不存在的对象和尚未发生的现象进行逼真模拟、预测和评价，从而使计划、设计更加科学合理；展示与娱乐类系统的特点是对真实或虚构的事物进行模拟，通过传媒和人们的参与达到观赏和娱乐的目的。

VR技术在包装上的应用可以分为两种：第一种是利用VR技术的多感知性、沉浸性、交互性、构想性等特点，增强包装信息的展示维度与效果，提升操作的趣味性，使消费者获得全新的沉浸式体验。这种VR技术包装改变了传统包装固有的形式，在视觉、听觉、触觉等多个方面增加消费者与产品包装的交互体验，满足消费者的个性化需求。第二种是面向基于VR技术的虚拟购物平台的包装。这种虚拟购物平台是利用三维建模技术、虚拟现实技术等构建出的虚拟购物环境，消费者可以在三维的场景中自由行走，浏览并查看产品及包装的相关信息，并对挑选的产品进行购买。因此，VR技术在包装上的应用，带来的不仅是包装形式的改变，更是购物模式和生活方式的变革。

3.3.4 混合现实技术

混合现实（Mixed Reality，MR）技术是虚拟现实技术的进一步发展，该技术通过在现实场景中呈现虚拟场景信息，在现实世界、虚拟世界和用户之间搭建起交互反馈的信息回路，以增强用户体验的真实感。混合现实技术结合了虚拟现实技术与增强现实技术的优势，能够更好地将它们的技术优势体现出来。混合现实技术和增强现实技术的区别在于混合现实技术通过一个摄像头让你看到裸眼看不到的现实，而增强现实技术只管叠加虚拟环境而不管现实本身。作为新型的人机接口和仿真工具，混合现实技术的应用领域极广，包括教育、医疗、体育、军事、艺术、文化、娱乐等各个领域。最近几年，混合现实技术又为人工智能、图形仿真、虚拟通信、娱乐互动、产品演示、模拟训练等更多领域带来了革命性的改变。根据史蒂夫·曼恩的理论，智能硬件最后都会从增强现实技术逐步向混合现实技术过渡，混合现实可穿戴设备将会取代其他移动智能终端成为我们生活的一部分。

对于混合现实技术在包装上的应用，随着未来智慧城市的兴起与新零售虚拟货架的搭建，再加上大数据、云计算、人工智能等新兴技术为其提供必要的软硬件支撑，未来用户可以在开放的空间中与叠加在现实中的虚拟包装进行直接交互。因此混合现实技术与包装的结合，所展现的是包装的一种未来形式。当我们使用混合现实可穿戴设备时,与之配套使用的包装将通过模型、视频、动画等多种方式来多维度展现商品信息,以此替代传统的包装装潢展示形式。此外,混合现实技术还能通过手势识别、语音识别和眼动跟踪等技术提升用户与包装的交互体验(图3-13)。这种未来的包装形式,极大地丰富了消费者的购买体验,方便消费者对产品使用功能的了解与包装信息的理解,还减少了印刷带来的环境污染问题,在满足实体包装减量化的同时,使产品和包装得以趣味性、多元化、多维度地展示。

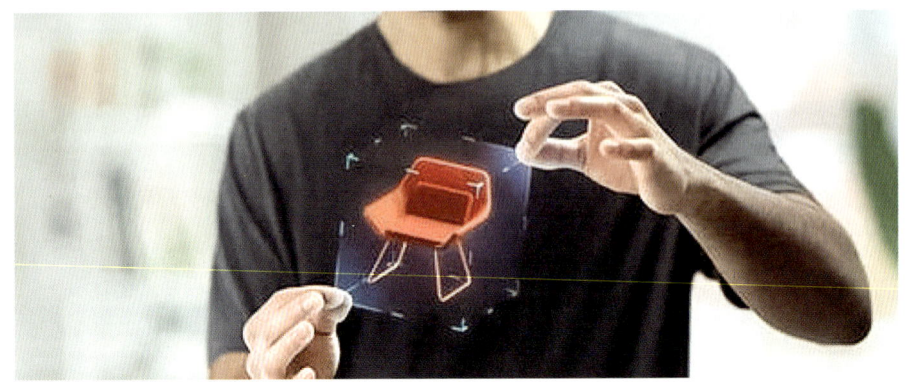

图3-13 虚拟现实连续体混合现实演示

3.4 智能包装辅助技术

智能包装辅助技术是实现智能包装功能多样化的基础,是在智能包装上应用其他技术的辅助条件。这些技术虽然没有直观地被反映在包装上,但它们却能辅助其他技术在包装上的应用,如互联网技术的使用使智能包装数字信息的获取成为可能。物联网技术、大数据以及人工智能技术是实现包装智能管理的前提,印刷电子技术是制备传感器的重要手段。智能包装的辅助技术分为五种:互联网技术、物联网技术、大数据技术、人工智能技术、印刷电子技术。五种技术相互关联,共同协作。

3.4.1 互联网技术

为了保证智能包装使用的便利性和便携性,移动互联网技术在其中起着关键的辅助作用。中华人民共和国工业和信息化部中国信息通信研究院发布的《移动互联网白皮书》(2011年)将移动互联网定义为:"移动互联网是以移动网络作为接入网络的互联网及服务,包括三个要素:移动终端、移动网络和应用服务。"这个定义具有两层内涵:一是指移动互联网是传统互联网与移动通信网络的有效融合,终端用户是通过移动通信网络接入传统互联网的;二是指移动互联网具有数量众多的新型应用服务和应用业务,并结合终端的移动性、可定位及便携性等特点,为移动用户提供个性化、多样化的服务。

目前的移动互联网技术正朝着服务供给多元化、移动终端智能化、移动入口多元化、平台垂直一体化和开放化、应用服务融合化和移动安全增强化等方向发展,主要应用在资讯、娱乐、高效管理等领域。在智能包装领域,移动互联网技术作为智能包装的辅助技术,是实现智能包装防伪、溯源、获取信息、体验AR效果等功能的基础。

3.4.2 物联网技术

物联网(Internet of Things,IOT)指的是将各种信息传感设备,(如射频识别装置、红外感应器、全球定位系统、激光扫描器等多种装置)与互联网结合起来而形成的一个巨大网络。它是一种"万物沟通"的、具有全面感知、可靠传送、智能处理特征的连接物理世界的网络,可实现任何时间、任何地点及任何物体的联结,使人类可以更加精细和动态地管理生产和生活,达到"智慧"状态,提高资源利用率和生产力水平,改善人和自然界的关系,从而提高整个社会的信息化水平。由于物联网的概念涵盖了从终端到网络、从数据采集处理到智能控制、从应用到服务、从人到物等方方面面,涉及射频识别装置、红外感应器、全球定位系统、互联网与移动网络、网络服务、行业应用软件等众多技术,因此,物联网技术的应用领域比传统网络的应用领域更为广泛,包括智能交通、智能电网、环境保护、智能物流、公共安全、智能家居、工业监控、个人护理和军事等多个领域。不仅如此,物联网技术与包装相结合还能够更好地推进智能包装的发展,不仅让生产企业能更好地管理产品,获取产品的销售、运输等信息,完善和优化供应链系统,还能让消费者可以与包装相连,从而获取包装信息和管理包装,为未来智慧城市下的包装发展奠定良好的基础。

3.4.3 大数据技术

根据麦卡锡研究所给出的定义,大数据是指无法在一定时间内用传统数据库软件工具对其内容进行采集、存储、管理和分析的数据集合。大数据具有海量的数据规模、快速的数据传输、多样的数据类型和价值密度低等四大特征,大数据处理流程中的核心部分就是对数据信息的分析处理,所以云计算技术往往和大数据一同应用。目前大数据广泛应用在金融领域、安防领域、能源领域、业务流程优化、医疗领域、电力行业和电商平台等领域。网络技术的发展使信息数据的管理与传递变得简单,而大数据是其中最为重要的价值资产,如何利用大数据进行精准营销和服务转型是各行各业关注的焦点。大数据与包装的结合应用最主要的优势在于实现包装的自主化管理,还能通过大数据指导消费者使用包装,有针对性地推送产品信息。

3.4.4 人工智能技术

人工智能技术(Artificial Intelligence,AI)作为一门学科于1956年问世,是由"人工智能之父"麦卡锡及一批数学家、信息学家、心理学家、神经生理学家、计算机科学家在美国达特茅斯学院召开的会议上首次提出来的,它是在计算机科学、控制论、信息学、神经心理学、哲学、语言学等多种学科研究的基础上发展起来的一门综合性的边缘学科。广义地讲，人工智能技术是关于人造物的智能行为，这种智能行为一般包括知觉、学习、推理、交流以及在复杂环境中的行为。另外，从工程的角度而言，人工智能技术就是通过用人工的方法使机器具有与人类智慧有关的功能，如判断、推理、证明、感知、理解、思考、识别、规划、设计、学习和问题求解等思维活动，它是人类智慧在机器上的体现。人工智能技术发展到目前，其主要应用于人工生命、模式识别、定理证明、机器学习、自动程序设计、自然语言处理、人工神经网络、智能决策系统等领域。在包装领域结合人工智能技术则能利用机器优化包装的使用体验，还能在一定程度上实现包装的自主控制和管理，方便消费者与企业对包装进行管理。

3.4.5　印刷电子技术

印刷电子技术是一种通过印刷的方式制备电子器件或电路的技术。其主要是通过丝网印刷机、喷墨打印机等印刷设备把具有导电、介电或半导电性质的电子材料（油墨）印制在各类基质（聚酰亚胺、聚对苯二甲酸乙二醇酯、纸、电路板等）上得到所需器件与电路系统。印刷电子技术的优势在于能够将油墨逐层次地印刷在所需的各类基质上，得到拥有灵敏电荷传输、转换和控制性能的电子器件。

图3-14　印刷电子标签

印刷电子技术主要应用于薄膜晶体管、光伏电池、超级电容器、柔性印刷传感器、射频电子标签、透明导电膜和可穿戴设备等方面。印刷电子技术在智能包装的应用上，倾向于印刷传感器、集成电路、电池、发光设备等简化智能包装的智能元件，使智能包装在更为轻便的同时降低成本。如图3-14所示的内置温度传感器的印刷电子标签，可以记录产品的温度变化情况，在与NFC 手机配对时可以显示存储温度是否超过设定阈值，并给予提醒。

综上所述，应用于智能包装的关键技术的发展已日趋成熟，并且它们在包装中的应用价值和功能效果也是有目共睹的。但目前这些关键技术与包装设计结合的巧妙性及适配性还处在磨合期，整体的发展进程仍处于低级状态，还有更多科研难题需要攻破。未来智能包装的发展需要在智能包装技术方面更加细化，在智能程度方面更加深入，并且需要更多的新技术作为支撑。智能包装作为设计、艺术与技术三者的结合体，任何方面发展的滞后都会影响整体的发展，而科学技术是作为共同体发展的骨架，因此研究智能包装技术可以加快智能包装的发展步伐，推进中国包装绿色化发展进程。

第4章
数字智能包装设计

4.1 智能语音包装设计
4.1.1 智能语音包装的概念及分类
4.1.2 智能语音包装的阶段性特征
4.1.3 智能语音包装的技术路线与设计实现

4.2 基于移动互联网技术的平台式包装设计
4.2.1 平台式包装的概念
4.2.2 平台式包装的阶段性分类及演变
4.2.3 平台式包装设计内容与方法

4.3 基于物联网技术的管控式包装设计
4.3.1 物联网管控式包装的概念
4.3.2 物联网管控式包装的类型及原理
4.3.3 物联网管控式包装的设计关键

4.4 基于增强现实（AR）技术的交互式包装设计
4.4.1 AR技术包装的功能特性
4.4.2 AR技术在包装中的设计流程
4.4.3 AR技术包装的设计原则

4.5 基于虚拟现实（VR）技术的交互式包装设计
4.5.1 VR技术包装的特点
4.5.2 VR技术包装的类别
4.5.3 VR技术包装设计的注意要点

4.1 智能语音包装设计

数字智能包装分类下的本体智能包装包括了数字智能语音包装和数字智能发光包装两种形式,其中数字智能语音包装是一类借助语音的录制或播放实现包装的信息指示、警报、提醒、语音识别互动等多功能的包装,简称为智能语音包装。根据智能程度,数字智能语音包装的发展经历了从半机械化到人工智能等五个阶段,随着人工智能技术的进一步成熟,未来的数字智能语音包装将具有更加强大的功能,其发展前景不可小觑。

4.1.1 智能语音包装的概念及分类

智能语音包装是指在包装中采用语音技术,使包装在具有保护产品、方便运输等基本包装功能的同时,实现以语音方式传达产品信息的一类新型人机互动式包装。它的出现打破了包装仅从单一的视觉角度传达商品信息的方式传统。根据功能的不同,智能语音包装分为智能语音警示导向包装和趣味性数字音乐包装两种。

智能语音警示导向包装是一种以信息提示与导向为主导的智能语音包装形式。其主要是通过感应器与播放器的结合,实现包装在使用过程中的某些特殊功能,如受潮提示、过重提示、高温提示、使用信息导向等。目前,这类包装在药品、食品、盲人产品等包装中应用较多,如智能语音药盒即是以语音芯片的录播功能来达到提醒老人按时、按量、按次吃药的目的。

趣味性数字音乐包装是指通过一些趣味性的音乐来实现娱乐功能的包装形式,主要应用于如图4-1所示的儿童产品以及情人礼品领域。一般而言,此类包装不仅强调外观的艺术性与趣味性,同时还要根据产品的主题内容来选取艺术性较强的音乐,将包装的外观形象与音乐听觉的优化组合,切实体现包装的多感官娱乐功能。

图4-1 趣味性数字音乐包装

4.1.2 智能语音包装的阶段性特征

根据智能语音包装开发时间的先后，其发展历程可归纳为如下五个阶段。

第一代是人工半智能机械式音乐包装。这代包装以类似老式发条钟表的机械弹力为结构动力，通过控制旋转发条的圈数来决定音乐播放时间的长短。这类语音"包装"主要以音乐盒的形式呈现，亦称八音盒，1796年由瑞士的钟表匠人安托·法布尔发明，原理是通过机械动力带动表面小凸起的音筒匀速转动，当凸起经过音板音条时会拨动簧片，使簧片按振动频率振动而发出设定的声音。这种八音盒虽非真正意义上的包装，但在某种程度上可称为智能语音包装的"早期形态"或"原始形态"。

第二代是手动触碰式简易数字语音包装。20世纪80年代，随着音乐贺卡的出现，类似的音乐包装应运而生。这类音乐包装与第一代语音包装相比，主要是在语音存储器上加以改进，以语音芯片来存储音乐，首次实现了包装上语音信息的数字化。此类语音包装需要以机械式的触碰方式播放音乐，播放的音乐内容往往较为单一，多用于创意礼品包装，在化妆品、儿童玩具等领域也有所涉及。

第三代是全智能多感应式语音包装。随着电子感应技术在20世纪末的发展与普及，出现了第三代智能语音包装。这类语音包装改进了第二代包装中必须与包装直接接触的不便方式，采用了多种感应技术实现对智能语音包装的播放控制，如光感应音乐包装就是采用感光播放的形式实现播放的，感应部位受到光照刺激便会使包装发出预定声音。除此之外，目前应用于包装上的感应形式还包括：温度感应、湿度感应、红外线感应、压力感应等。这些感应方式的出现使智能语音包装的应用领域逐渐扩大，其技术与艺术的结合表现也有了新的飞跃。

第四代是全智能多感应可录播式语音包装。这一代包装保留了第三代包装中的感应方式，改进了第三代包装播放内容单一的不足，增设了互动环节，并且在语音存储器中添加了录音功能，从而实现了录制与播放的双向功能。与前几类智能语音包装仅是将语音技术纯粹应用于包装中不同，此类语音包装还尤为重视包装结构、造型、图形、色彩、文字等各个方面的艺术表现，并使其与包装预置音乐听觉的艺术性、趣味性的吻合。近几年来，此智能技术在包装上的应用已渐趋成熟，相关专利也日益增多。

第五代是全智能多感应可录播式语音可视化包装。这一代包装目前处于待开发状态，在第四代智能语音包装的基础上，加入了薄片状显示屏以添加可视化功能，在进一步强化包装互动性功能的同时，还更直观地将包装产品信息以动态的形式表现出来。但是，由于其开发生产成本相对较高，一般作为可循环使用的包装盒而主要被应用于医药包装领域，最为典型的例子是服务于老年人或残障人群的电子智能语音药盒。

4.1.3 智能语音包装的技术路线与设计实现

(1) 智能语音包装的技术路线

智能语音包装设计涉及多个学科的知识，是交叉学科衍生出来的成果，总体来说还处在技术的探索与研发阶段。纵观目前已开发的较为成熟的产品，智能语音包装开发主要由四个部分来实现：第一部分是环境信息采集相关感应技术，第二部分是信息存储器，第三部分是语音信息播放器，第四部分是智能包装设计方案。

环境信息采集相关感应技术主要有光感应、温度感应、压力感应、红外线感应技术等。此类感应技术在智能语音包装中主要发挥对外部信息的接收与执行作用，是智能语音包装设计方案得以实现的基础。通过将语音感应技术应用于包装设计，打破了传统包装中"人""机""物""境"之间的固有作用关系，将包装与环境两者的关系从"间接"作用提升至"直接"作用。从"智能"这一出发点，重新把握包装与环境之间新的作用关系，是从事智能语音包装设计的突破口。

信息存储器、语音信息播放器是智能语音包装芯片组件中实现语音数据储存与播放的主要装置，主要用来储存内置语音和播放录制语音，这些已在其他领域得到广泛应用的技术运用到智能语音包装设计中属于技术移植。在技术移植过程中，应集中解决两方面的问题：一是芯片储存容量的问题，二是组件体积的问题。由于芯片组件往往体积较大，很多小型包装无法使用或者在使用芯片的过程中限制了包装本体的功能，因而需要调和组件体积过大与包装体积相对过小之间的矛盾。除此之外，智能语音包装的技术路线还需要通过对内置处理器程序和电路板的设计，将包装、内置处理器程序、电路板组件这三个部分以及某些辅助的电子元件如单片机良好连接，以实现包装的智能语音功能，芯片示意图如图4-2右图所示。

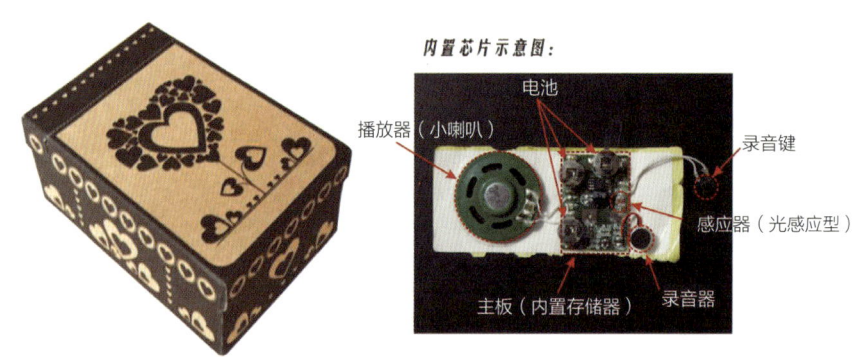

图4-2　全智能多感应可录播式语音包装

【2】智能语音包装的设计实现

除了芯片存储容量、组件体积大小、包装技术路线设计这三个技术上的因素之外，智能语音包装在设计实现上，与传统的包装设计也存在一定的差别，主要表现在语音包装中的内部结构设计、外部形态设计、语音的选择与定位设计这三个重要环节。

在内部结构设计方面，智能语音包装不仅要考虑保护内装物的结构设计，还要注重针对语音实现装置的结构设计，更要处理好两种结构之间的关系。如图4-2所示的全智能多感应可录播式语音包装，通过感应光的亮度变化来控制语音播放，因此，对于感应装置位置的设计应是包装内部结构设计的关键环节。通常针对此类语音芯片装置结构的设计有两种：一种是将芯片固定在两层纸板之间，将感应设备和录播开关通过艺术镂空形式装置于包装一隅，整个芯片装置固定在盒子两层纸板中较为隐蔽的位置，这种处理方式既可以有效保护内置芯片不受损坏，又可以解决因芯片装置导致的包装物内部空间布局不合理的客观问题。另外一种是将芯片单独制作成适合语音包装盒尺寸的，以独立的包装模块固定在包装盒中，实现芯片装置与包装内外结构的有机结合。图4-2中的包装就是一个单独的模块对芯片进行包装后安置在包装内部。不管是哪种形式，都不能影响包装物放置，而且还要保证在方便使用的前提下不破坏其语音装置，并且芯片模块的透光部位不能被遮挡。不过，相比前一种做法，这种处理方式虽更有利于智能语音包装的设计实现，但限于成本过高、设计制作技术过难等现实因素，在现有条件下难以实现。

在外部形态设计方面，智能语音包装的设计相比于其他商品包装，更加注重对包装使用功能的指示性设计。因为作为一种新的包装形式，对包装的使用认知始终是非常重要。心理学研究表明：很多使用者在第一次接触某类新鲜事物时，潜意识里是没有使用概念的。基于这一点，在包装装潢设计的过程中，要增加对语音录播或者放置功能的一些使用方法上的指示性设计。对这部分内容的设计不仅要确保内装物产品信息的传达准确，而且还要通过一些趣味性的设计图案和色彩标识，将包装或产品的使用方法最直接地展示给使用者。如图4-3所示的压力感应式语音包装，其操作步骤的信息传达，是通过文字"录""播"标明的趣味性"小手"图形结构实现的，不仅可以让消费者进行直观认识，而且在销售过程中还可以起到制造悬念的作用。

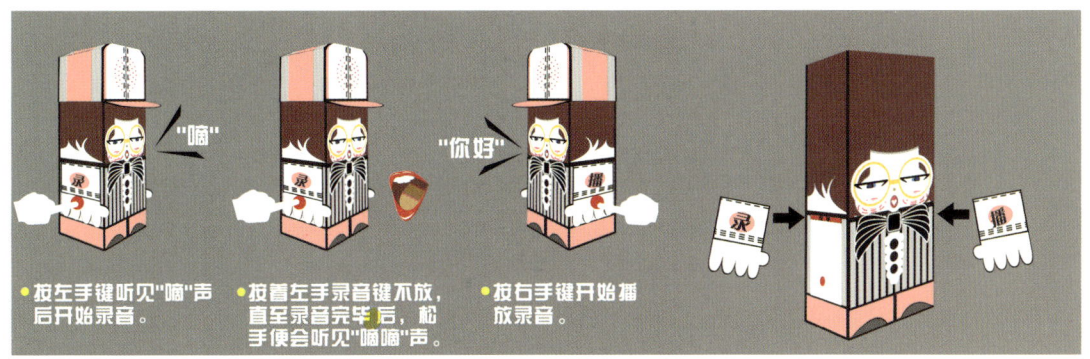

图4-3　压力感应式语音包装

除上述对智能语音包装在视觉形态上的设计外，还要特别注重听觉语音的选择与定位设计。因为智能语音包装除了用视觉图形去表现使用者的意图，主要靠语音去实现其功能，而语音的形式又非常多样，比如可以用简短的提示音、音乐，或者一段人物语音包等。我们对语音的选择定位，首先要考虑目标人群的需求，比如针对儿童的智能语音包装设计就可以采用比较可爱的声音或者儿童喜欢的动漫角色的声音。其次，我们还要根据场合设计语音内容。比如针对不同的节日或纪念日如春节、七夕节等，包装中的语音内容选择是不一样的，方式也不尽相同。再次，对语音的选择我们还要考虑企业的销售策略，每个企业对其开发的产品都有各自的营销策略，而且根据铺首阶段的差异，其策略也存在区别，需要针对性地选择语音内容以更好地实现促销的作用。

内部结构与外观形象两个设计环节是从宏观层面考虑智能语音包装的设计，在设计过程中，也要注意考虑微观层面的设计，譬如外包装盒型或容器设计、包装开启方式设计、包装标志与图形文字的确定等。因为对这些微观设计内容的考虑，可以更好地将智能语音包装的特点体现出来，展示出包装内装物的独特性。

4.2 基于移动互联网技术的平台式包装设计

平台式包装作为数字智能包装的一种形式，是适应未来社会的发展需求而产生的，能够为我国商品的智慧交易与流通提供技术与方式上的支持。

4.2.1 平台式包装的概念

平台式包装是指消费者利用智能设备扫描或感应包装上的驱动符号，通过第三方信息交互平台提供更多商品信息与购物选择的一种交互式包装形式。其中的"平台"包括：Web网页、App、线上商店和小程序等平台形式。

平台式包装除了具备包装基本的保护与运输功能，其优势还在于能够扩展包装信息的展示空间，使包装的交互体验形态从原有的单一信息获取式转变为多维空间沉浸式，实现了信息传达载体从实体包装到非物质形态的转变。有效解决了包装印刷污染、过度包装与包装循环回收等环保问题，增强了包装的数字信息传达与多维交互的展现形式。

4.2.2 平台式包装的阶段性分类及演变

根据移动互联网及第三方平台技术的发展，加上各个时期包装构成要素的差异性，平台式包装分为四个阶段：萌芽期、形成期、成熟期与裂变期（图4-4）。

第一阶段是平台式包装的萌芽期——"销售包装+运输包装+PC端详情页"。随着2003年阿里巴巴旗下淘宝网的正式上线以及第三方支付平台支付宝的出现，中国零售行业发生了革命性变化，电子商务、网上购物开始兴起并产生了大量的线上订单。但是由于当时各线上商家经营时间较短，经验相对欠缺，对应的包装形式以销售包装加上单独的保护性外包装为主，来实现包装的保护和运输功能。此时，包装的信息传达功能脱离了销售包装的货架销售形式，主要由PC端详情页展示。这种"销售包装+运输包装+PC端详情页"一体化的形式，既完成了传统包装"保护产品、方便储运和促进销售"的综合功能，又实现了包装产品信息的线上平台化。虽然不能称之为真正的平台式包装，但是这种信息平台展示的形式已经开启了平台式包装的新篇章，即萌芽时期。

第二阶段是平台式包装的形成期——"销售包装+标准化运输包装+移动购物平台"。2009年初我国正式发放3G网络牌照以来，随着网络技术逐渐成熟和智能手机的出现与快速发展，移动互联网时代随之到来，掌上购物成为一种时尚。这种"随时、随地"的便捷购物方式推进了电子商务的快速发展，因此，线上购物的份额在零售行业中的占比也逐渐提高。很多传统的产品制造商专门针对线上购物成立专门的品牌进行营销。在此背景下，作为产品运输以及品牌塑造关键环节的包装也随之发生了变化，网商企业开始使用专门的标准化运输包装。甚至还有部分企业对线上销售包装进行了专门的设计，特别是在装饰

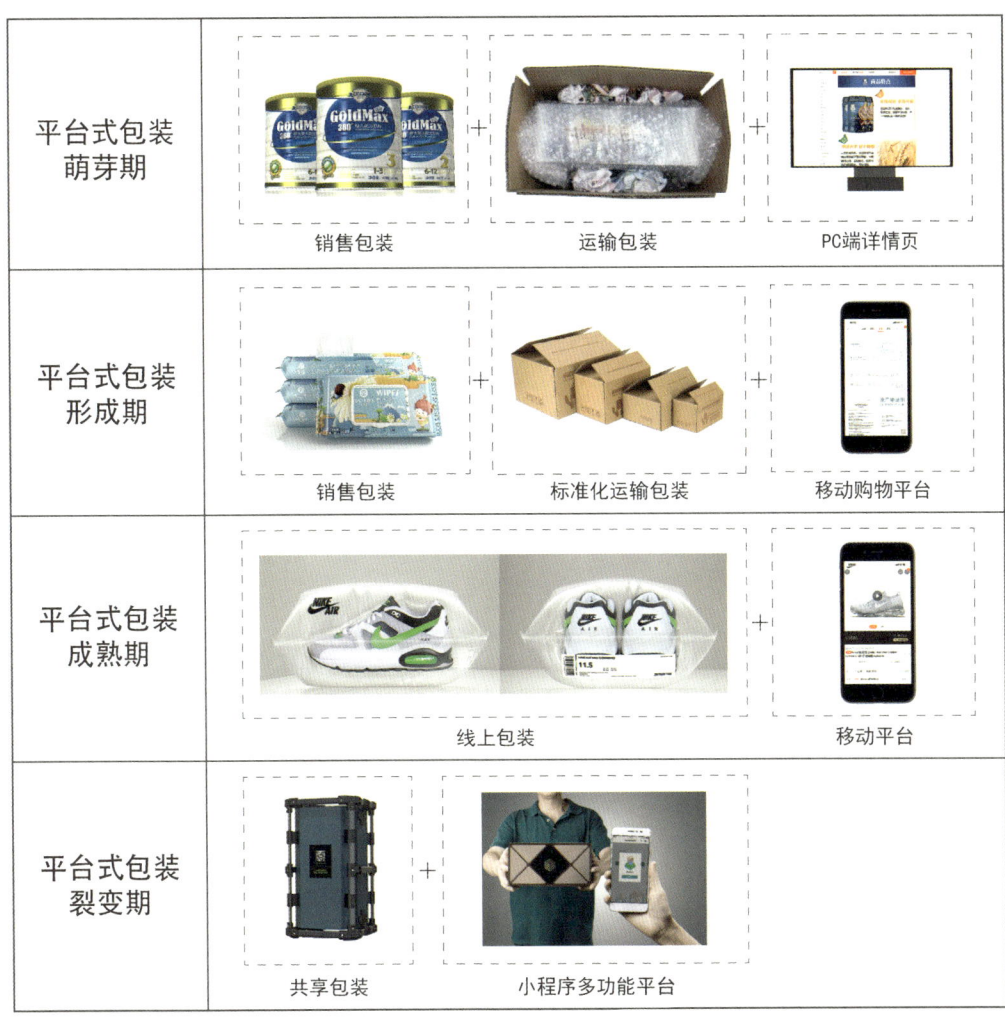

图4-4 平台式包装的阶段性演变

功能上采取简约风格和"零装饰"手法，舍弃了专门为"货架销售"服务的设计要素，从而减少了部分包装的印刷环节。这种集"线上销售包装+标准化运输包装+移动端详情页"为一体的形式相较第一阶段更加绿色、环保，且具备了一定的专属性，也实现了"平台式包装"的基本形式——以移动终端为信息展示媒介，由专门的"线上包装+标准化运输包装"保护、运输载体，具有线上展示与线下运输分离的特征。

  第三阶段是平台式包装的成熟期——"线上包装+移动平台"。2013年12月以来，我国进入4G移动网络时代。传输速率的加快以及带宽的增加，使移动终端能够承载起在线视频、动画等复杂媒体形式的展示，包装的多维展示成为现实。加之互联网销售企业的规模化，互联网产品的专属性不断加强，很多企业建立了专门的线上产品营销体系，采取线上产品品牌、包装、运营和销售一体化的整合营销手段。此时的包装，相较于传统线下销售的包装已经产生了较大变化，包装领域出现了具有独立功能体系的线上网购包装和线下实体产品包装两种形式。线上网购包装从在传统销售包装外面裹上运输缓冲包装的形式，发展成集线上数字化产品信息展示、销售、保护、运输等多功能于一体的独立包装体系，出现了真正的平台式包装。其主要表现为"线上包装+移动购物平台"和"线上包装+移动展示平台"两种形式。此时的"线上包装"通过独立的包装形式，同时具备了审美、运输与保护等功能，而"移动展示平台"则替代了传统销售包装静态展示功能，即增加产品附加值和货架销售的双创功能。这种包装形式虽然当前没有普及，但是其高附加值和低物料成本的优势必然成为未来网购包装的主导形式。

第四阶段是平台式包装的裂变期——"共享包装+小程序多功能平台"。随着共享经济的发展，使用权胜过所有权，可持续性取代消费主义，交换价值被共享价值取代。因此，共享包装作为能够大幅度增加个体包装使用次数，降低单个包装使用成本的一种减量包装模式也随之出现。这种"共享包装+包装共享模式"的整体解决方案，便是平台式包装未来的发展趋势，即平台式包装的裂变期。这个时期的平台式包装将呈现出"共享包装+小程序多功能平台"的模式。当下环境、资源问题日益严峻，共享包装的出现是必然的。但是在目前，其共享模式以及应用模式一直是企业未能解决的瓶颈问题，平台式包装与小程序的结合可能成为未来包装共享模式的一种完美解决方案。因为从目前的平台式包装来看，虽然已经具有一定的成本优势，但是第三方App平台的制作以及用户应用环节中下载App的外加环节，一直以来成为平台式包装发展的瓶颈。随着小程序这种轻便快捷又具有巨大用户载体的第三方平台的出现，省去了独立App的加载环节，这种瓶颈的消除为平台式包装与包装共享模式的发展创造了机遇。

4.2.3 平台式包装设计内容与方法

平台式包装的设计过程整合了多学科的新理论、新材料及新技术，以绿色包装与数字包装的有机结合为目标，解决了包装的运输安全、绿色可持续、信息多维展示以及智能管控等综合性问题。总体上，平台式包装的设计内容包括：平台式包装的实体设计、驱动形式设计和非物质内容设计三个部分。

(1) 平台式包装的实体设计

由于平台式包装实体作为非物质内容传递的入口，在包装装潢方面，可遵循减量化的设计原则，部分平台式包装无须进行大面积的印刷，只需平衡驱动符号与包装实体之间的美化关系，在设计时需要对包装中的驱动符号进行图形化的引导，避免消费者产生认知偏差。平台式包装的实体设计还需要从材料选择与结构设计方面实现包装的保护与运输功能，对商品的品质、流通和安全予以保障。在材料选择上要遵循绿色、环保与易降解的原则，加强平台式包装的环保属性。在包装结构上需改善商品包装的利用率，循环利用资源，尽可能地减少包装物的浪费与损耗，积极采用低成本和绿色生产技术，发展低克重、高强度，同时又具有功能化的包装。

(2) 平台式包装的驱动形式设计

从平台式包装的概念来看，这种包装形式需要将包装实体与信息平台进行关联，从而形成统一的体系，因此需要有中间纽带作为连接两者的驱动。根据不同的应用场景，平台式包装的驱动形式可分为：芯片驱动、传感器驱动、识别码驱动和图形符号驱动。

芯片驱动的主要技术包括无线射频识别技术与近场通信技术。传感器驱动主要是指通过数字传感器、生物传感器和热敏、温敏、湿敏等特殊功能材料对周边环境进行选择性判断，从而实现对包装的可控性驱动。识别码驱动和图形符号驱动是将特定的信息内容以识别码或图形符号的形式进行制定，并通过扫码的方式对所需要的内容进行选择性提取。但是两者的原理存在差异性，识别码可以实现一物一码识别，对每个个体包装实现个性化内容提取，而图形驱动在包装领域中一般被用作AR/MR包装的内容提取条件。在平台式包装驱动形式的设计中一般包含以下几个步骤：首先是驱动器的选择，需要根据包装的功能选择适合的驱动形式；其次是对驱动条件的设计，即根据包装在互动过程中的需要，巧妙设计驱动条件；最后是对驱动形式的设计，即根据需求，策划巧妙的驱动形式。

【3】平台式包装的非物质内容设计

非物质内容设计是指力图以更少的资源消耗和物质输出，来达到发展的目的。平台式包装通过非物质内容的设计传达包装产品的基本信息、扩展包装的特殊功能，以满足人们对包装"实用性"与"艺术性"的需求。为此，按照包装内容传达的需求可分为"包装+音频""包装+视频（动画）""包装+交互""包装+购物平台"等多种手段的融合设计（表4-1），实现包装的多维展示，以及娱乐和便携支付的多种功能，提升产品附加值。

表4-1 平台式包装的非物质内容

	形式		优势	最佳应用领域
包装+	音频	警示型音频	对包装进行受潮提示、过重提示、高温提示、使用安全提示等，以提醒消费者安全使用产品	药品包装、空投包装
		娱乐型音频	通过趣味性音乐、个性化录音等形式，增强包装情感属性，让包装成为情感传递的媒介	食品包装、礼品包装
	视频	演示型视频	以视频或动画的形式对产品进行演示说明，相较于图文形式，传递信息更加直观准确	日化用品包装、药品包装
		溯源型视频	通过展示产品的生产及配送流程，提高消费者对品牌的忠实度，是品牌传播的有效手段	食品包装、药品包装
	交互		增强产品的多维展示功能，让消费者全面地获取商品信息，增强消费者的多维体验	玩具包装、礼品包装
	购物平台		将移动端口的流量引入平台，赋予了包装更多商业附加值	食品包装、礼品包装

①包装与音频的结合

包装与音频的结合设计在多数情况下以提升产品包装的趣味性、实用性为主要目的。因所借助音频使用形式的差异，向消费者传递的功能也不同，包装与音频结合可分为警示型音频和娱乐型音频两种形式。通过音频在平台式包装中的运用，可借助消费者听觉感官传递包装信息，从而达到包装的趣味性与实用性效果。

a. 实现包装安全警示。警示型音频通常起到提醒、警戒等作用，可用于药品包装、食品包装和空投包装等领域，通过警示型音频提醒消费者安全食用产品或对包装安全信息起提醒作用。以药品包装为例，部分药品在使用过程中需要定时、定量服用，基于这种情况，平台式包装可以通过在手机平台定时管控，使包装发出警示型语音提醒患者按时、安全用药。由于面对对象的属性不同，平台界面的设计要遵循适配性与便捷性原则，实现用户的人性化操作。例如，针对老年用药人群，在包装的实体设计中应把识别码放置在明显位置，通过简易流程图的形式引导老年人使用。在平台页面的交互设计中，在最佳字号的基础上，还需要把功能放在首要的层级页面，避免出现多层级的页面。

b. 实现包装趣味娱乐性。包装与娱乐型音频的结合主要是通过在包装中加入能体现产品属性和品牌特性的音乐或者语音，实现包装在购物或者使用过程中的情感化表达，从而增加其情感附加值。这种方式可被应用于高端产品、儿童类产品或者节日礼品的包装中。例如一款饼干音乐盒包装设计，因能够让消费者"边吃饼干边听歌"的新颖形式而倍受欢迎。如图4-5所示，该音乐盒"边吃边听歌"功能的实现是基于音乐盒饼干放置区域内呈环状分布的五个光线传感器，与之相连的系统会自动识别饼干所遮盖的传感器数量，并随着被遮盖传感器的数量变化而自动换歌。这种包装形式不仅增强了包装的趣味性，同时还给消费者带来独特的视听体验。

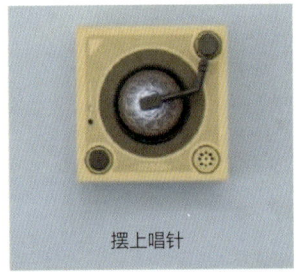
摆上唱针
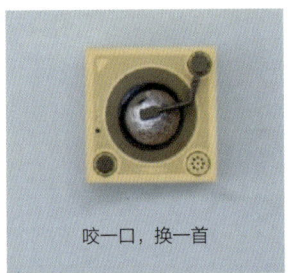
咬一口，换一首
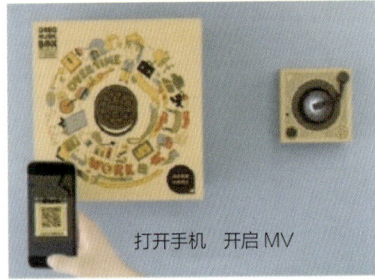
打开手机 开启MV
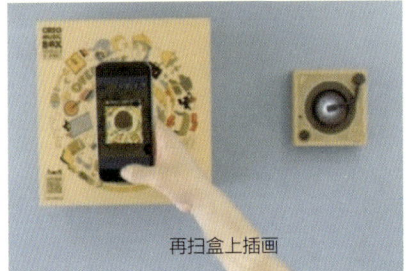
再扫盒上插画

播放音乐，启动MV

图4-5 饼干音乐盒包装

②包装与视频的结合

视频的传达形式相对于文字和图片更加直观，也更能得到消费者关注。包装与视频的结合，不仅可以提升消费者的视听感受，而且能够从消费者层面增强包装的使用功能。借助包装可视化、动态展示的特点，此类包装设计方式能够实现商品在复杂使用过程中的动态化演示和隐性溯源信息的可视化演示两大功能。

a. 实现商品在复杂使用过程中的动态化展示。商品在复杂使用过程中的动态化展示，主要用于需要拆装或复杂加工的产品。例如，某些在网上购置的需要自己搭建的家具和一些样式复杂的益智性儿童积木，如果仅有说明书，一是看起来难以理解，二是信息量传达受限，不能清晰展示出使用步骤，这种情况下，视频（动画）演示成为最佳展示手段，不仅能够直观地演示整个过程，而且能够从绿色化角度省去说明书所需要的物料。

b. 实现商品隐性溯源信息的可视化演示。对商品隐性溯源信息的可视化演示是指通过视频的方式将与产品相关的情况，如产地和生产、使用、运输等过程性内容，通过视频的方式进行可视化展示，既能让消费者直观地了解产品的质量，又可以使企业的品牌得到良好的推广，通常被应用到绿色食品和冷链产品包装领域。这种方式的设计实现包含两种形式：一种是对产品实行实时可视化监控，如海鲜或者疫苗类冷链产品，由于对存储、运输环境要求比较高，便可以采用实时可视化演示的方式，提高消费者对产品安全的信任度；另外一种形式是通过对商品产地以及各种优势资源的拍摄展示，实现产品的品牌追溯与推广。例如，一款果汁包装（图4-6），该包装通过产品二维码扫描，展示了该果汁的溯源宣传片，以纯天然的原材料为切入点，将从树上采摘水果到榨汁入盒等一系列制作果汁的过程，通过视频的形式呈现在消费者的眼前，让消费者感受到果汁的新鲜与安全，提升消费者对产品的认可度，同时也很好地塑造了该品牌的形象。

图4-6　果汁包装

③包装与交互的结合

包装与交互的结合是平台式包装除了信息展示之外提升附加值的一种特殊形式。这种形式通常被运用在一些特殊领域，以提升商品的互动体验感，增强消费者对品牌的认知。由于交互的形式较多，除了传达商品信息的常用交互形式，还包含互动游戏、互动交易平台等形式。

a. 提升商品的互动体验感。包装与交互结合的形式中最为典型的是包装与游戏的结合，即在包装中加入与产品相关的互动性和益智性游戏，提高消费者对品牌的认知度，提升产品的互动性。这种方式广泛应用于儿童益智产品与游戏类产品包装领域。对某些游戏产品来说，在包装上加入相关的攻略性互动游戏，一方面可以让消费者在购买之前体验到产品的功能，另一方面还可以通过这种方式为企业平台引流。对于儿童益智类的产品包装，可以通过在包装上增加教育性或者益智性游戏，吸引儿童群体。例如，某玩具公司推出的一款AR Playgrounds的AR玩具（图4-7），通过AR技术将玩具和现实场景进行融合，消费者不仅可以在平台上观察立体的产品信息，还可以对产品进行动态交互的操作，成为品牌营销与市场推广的成功案例。

b. 提升商品的自营销价值。包装与购物平台的结合是指包装在已有产品信息展示的基础上，融入自营的购物平台或者是第三方购物平台，赋予包装更多的商业附加值，使包装成为购物平台的直接入口，提升了购物的便捷性。这种方式目前主要以二维码和AR技术作为驱动。通过包装进入购物平台是新零售时代产生的一种新型销售方式，从某种意义上说，每一个包装都可以成为进入企业购物平台的入口，增加企业产品的曝光率，起到推广的作用。除此之外，随着流量的增加，企业还可以采用其他的营销方式，实现产品价值最大化。例如，一款可定制酒瓶（图4-8），通过手机扫描酒瓶上的二维码可进入私人定制小程序平台，可在平台中设计属于自己的包装形式并进行后续购买，不仅提升了品牌的价值，而且提升了购物的便捷性和趣味性。

    平台式包装作为解决电商包装现存问题的最佳方式，能够在保证低损耗、绿色化的前提下，实现包装功能的拓展。平台式包装采用新兴数字媒体技术和智能移动终端相配合的方式，在满足实体包装减量化的同时，解决了当前包装信息传递效率低下的问题，拓展了消费者获取商品信息的途径和渠道，以趣味性、多元化、多维度的信息传递方式和商品展示形式，吸引消费者的关注。随着平台式包装的设计内容的不断丰富，还需要通过复杂平台的模板化、复杂制作的通用化、个性定制的简单化等手段，专门开发相关的制作软件和发布平台，打破技术壁垒，进一步简化设计过程。

图4-7　AR玩具

图4-8　可定制酒瓶

4.3 基于物联网技术的管控式包装设计

物联网带来了继计算机、互联网和移动通信网络之后的第三次信息产业浪潮，是信息领域的一次重大变革。目前的物联网在结合大数据、云计算等多种技术后已经超越了短距离间的信息感知、信息传送和智能处理，实现了远程的互联互通。物联网技术在目前社会已经成为智能硬件产业的基础，把物与物、人与物通过智能硬件以及信息数据联系到一起，已然成为建设与发展未来智慧城市的关键技术，而其在包装上的应用也是人工智能包装未来发展的必要条件。

4.3.1 物联网管控式包装的概念

基于物联网技术的管控式包装是在物联网、大数据、云计算等多个技术集成的基础上，通过信息传感设备将包装和互联网连接起来，进行信息交换和通信，使包装在存储、运输、销售以及使用过程中能够按照人为设定的模式进行监控和管理的一种新型包装形式，简称为物联网管控式包装。

4.3.2 物联网管控式包装的类型及原理

根据发展的先后顺序以及对大数据的需求，物联网管控式包装分为三种形式：射频式短距离管控包装、无线远程操控式包装以及基于大数据的智能管控包装（图4-9）。

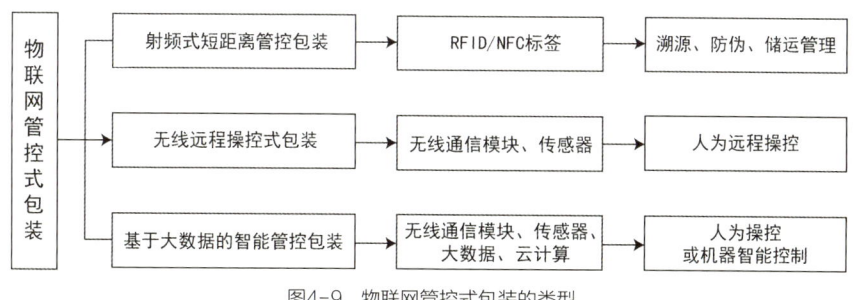

图4-9 物联网管控式包装的类型

1 射频式短距离管控包装

射频式短距离管控包装是建立在物联网技术基础上的一种包装形式，此类包装以射频式标签为信息载体，在一定范围内把信息通过电子标签及传感器上传并存储到设备或是系统中，在此基础上对物品的信息进行相应的储存、分析和处理，从而实现包装的短距离管理和控制。射频式短距离管控包装通常使用RFID和NFC两种智能标签作为功能实现的模块，由于其标签承载的数据信息通常只需读取、交换和对比，因此并不一定需要大数据的支持。

以RFID射频标签为接口的管控包装可以将RFID标签镶嵌在包装的任意部分，通过特定的阅读器进行识别及数据处理。RFID技术应用在

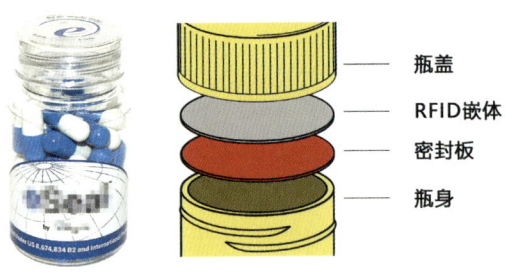

图4-10　药品包装

包装上更倾向于记录一件被包装物从生产供应，到运输装卸，再到仓储配送，最后到流通销售等一系列的跟踪、监控、管理的操作。美国一家技术公司的药品包装解决方案是运用RFID标签的成功案例（图4-10）。该药品包装方案是使用RFID标签帮助生产商、医院、药品零售商智能管理药品，能够跟踪药品从生产出厂到最终进入到患者手中的整个过程（包括药品是否丢失、被替换或者打开过），确保药品的运输安全。每个RFID芯片包含唯一一个标识符，并且储存有产品名称、生产日期、生产批号、生产地址等与产品相关的信息。该公司还推出了专门的软件系统，消费者使用智能手机识别药瓶时，还能通过该软件验证产品真伪以及获取更多的药品信息。该药品包装在硬件设计方面如图4-10右所示，RFID嵌体介于瓶盖和密封板之间，在实现功能的同时保证结构的合理性，即包装本体结构与电子元件的有机融合。在药品外观方面，瓶身标签标注了RFID标签位置及使用方式，指引消费者正确使用药品包装。

NFC技术由RFID技术发展而来，将非接触读卡器、非接触卡和点对点功能整合进一块单芯片中，两个拥有NFC芯片的设备相互靠近即可实现设备间的通信。根据市场统计结果分析，越来越多的智能手机支持NFC功能，这也将促进NFC技术在包装上的应用和推广。因此，可将承载信息的NFC标签镶嵌或直接印刷在包装上，使用开启NFC功能的智能手机靠近该包装即可实现防伪识别和数据交换，从而完成对包装信息的管理。与RFID标签相比，NFC标签的使用更加方便。这里以一款使用NFC标签的威士忌酒瓶为例介绍NFC标签的应用（图4-11），消费者能够使用支持NFC的智能手机与包装进行互动。该酒瓶使用柔性NFC标签连接瓶口和瓶身并附在酒瓶的瓶颈处，如果瓶盖被打开则会撕裂标签，仓储管理人员或消费者可以使用NFC读取器或具备NFC功能的智能手机检查瓶子上的标签是否被撕裂，从而确定酒瓶的密封是否被破坏，以此作为一种防窃启和防伪的手段。此外，这款酒瓶使用的每个NFC标签都进行了特殊编码，不会被他人进行电子修改或复制，在一定程度上增强了包装的防伪效果。同时，与使用RFID标

图4-11　使用 NFC 标签的威士忌酒瓶

签的包装一样,这款带有NFC标签的酒瓶还可以进行供应链追踪,了解产品从出厂到销售每个环节的流通情况。当酒瓶到达消费者手中时,消费者还能使用具有NFC功能的智能手机与标签配对,进行防伪验证,以及获取产品的促销优惠等独家内容。

【2】无线远程操控式包装

无线远程操控式包装是利用无线通信技术和物联网技术实现用户使用智能终端发出指令即可对包装进行远程操控的一种包装形式。随着无线通信技术和智能手机的发展,实现包装的无线远程操控虽不像我们想象中那样遥不可及,但也需要多方面技术和部件的综合运用。首先,需要将Wi-Fi、蓝牙或红外等电子集成元件安装在包装上,使包装具备与智能终端进行无线通信和信息交换的能力;其次,包装还需配备一定的传感器生成并存储包装的各项数据信息;再次,为了实现某些动作行为,如发光、发声、包装的开启或关闭等,包装还需要通过一定的结构设计和发光、发声的硬件配合;最后,用户使用智能手机等终端发出操作指令,包装内置芯片接收信息并对信息进行处理,完成需要的动作后将结果反馈至用户。无线通信技术的加入使此类包装能够进行一定程度的远程操控,这样就可以方便用户进行远程包装管理或者实现其趣味性功能。

Wi-Fi、蓝牙、红外在包装上实现无线通信功能的原理有些类似,由于Wi-Fi技术具有传输速度快、可靠性高、覆盖范围广等优势,相比蓝牙、红外,受限制也较少。这里以使用Wi-Fi技术的无线远程操控式包装为例进行应用方式的介绍:如图4-12所示是一款重力感应与Wi-Fi技术相结合的智能输液袋设计,输液袋顶部的警示光源会随着注射液液体重量减轻而缓慢向上收缩,同时会表现出蓝色至红色的颜色变化,当液体消耗完时,则触发红色安全警报。此时,输液袋会自动利用内部的Wi-Fi模块向医护站发送提醒信号,提醒护士前来更换输液袋或停止输液。医护人员接收到信号后,可以在控制台关闭提醒并发送信号将红色光源变至绿色,告知病人医护人员已经在前往的路上。

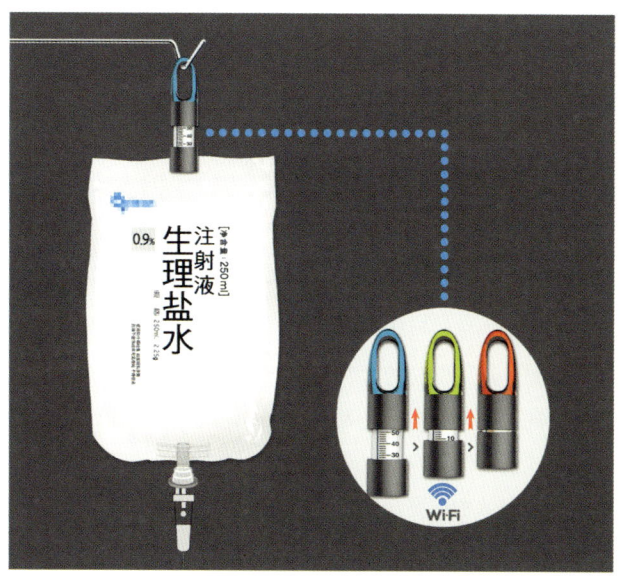

图4-12　Wi-Fi重力感应智能报警输液袋

(3) 基于大数据的智能管控包装

当前,人们早已体验到大数据带来的一些便利。比如,购物网站根据用户以往的搜索和交易记录向用户推送其更感兴趣的商品,音乐播放软件根据用户搜索歌曲的类型自动生成推荐歌单等,大数据早已渗透到人们日常生活的方方面面。可见,大数据技术能在充分利用计算机互联网信息技术的基础上,对大规模的数据进行获取、管理和智能化分析,从而帮助决策者得到更有价值的信息。

大数据的发展为物联网管控式包装注入了新的血液,此类包装能够通过传感器和数据分析电子元件,把得到的信息传送至云服务平台,依据大数据推算出最优操作方案,并将信号返回给包装以实现对包装的自动化操作。与其他物联网管控式包装相比,使用大数据的智能管控包装最大的优势就是它可以不受人为干扰自主控制包装。这种控制是在进行数据分析之后,由系统推算出的最优、最简单、最有益的并能够直接作用于包装的控制方式,已经接近人工智能包装的基本形态。这种包装形式可用于食品、药品、日化用品等领域,它能有效地管理和控制产品及包装的使用,为人们提供更健康的生活方式。

4.3.3 物联网管控式包装的设计关键

第一,包装本体的结构与内部元件需要进行有机融合。物联网管控式包装不同于传统包装,它通常具有若干个用于通信和数据收集的电子元件和传感器,所以需要调整包装结构以配合这些电子元件实现其对应功能。此外,当需要安装多个电子元件时还要考虑元件的布局设计以及供电等问题。因此,设计包装时要注意这些元件在包装内部嵌入的位置,使包装在外形美观完整的同时不影响其功能的实现,达到包装本体与内部元件的有机融合。

第二,物联网管控式包装管控功能的实现需要软硬件的配合。物联网管控式包装通常包括两部分:一是包装的硬件设备用于储存、生成、发送数据信息;二是包装的软件系统用于查看信息、发送指令以及功能扩展。两者搭配实现包装的智能化管理。其中,硬件设备是实现管控功能的工具,软件系统则是辅助管理的手段和呈现包装非物质化信息的主要途径。

第三,针对包装产品的类型,选择功能与之匹配的物联网管控式包装类型。射频式短距离管控包装的优势在于物流及仓储管理,而且还能有效增强包装的防伪功能及提升包装的使用体验。无线远程操控式包装则着重于对包装使用环节的管理和控制并能提供一定的娱乐效果。基于大数据的智能管控包装主要利用大数据实现包装的自主化管理或在包装使用过程中起辅助作用。三种包装类型的优势不同,需要针对不同的包装需求及包装产品选择相应的类型进行设计应用。

第四,包装的表现形式设计应与物联网管控方式及功能相结合。包装的表现形式设计可以从两方面入手:一是在包装设计上增加相应的功能符号和用法指示,方便消费者正确地使用包装;二是当物联网管控式包装的内部管控部件被激活时,其工作时的状态可以与包装发光、播放提示音及振动等方式相结合来提醒用户。此外,包装的表现形式还应该针对不同人群、不同使用环境进行适应性调整。

由物联网技术支持的管控式包装作为数字智能包装的一种,是为未来智慧城市的建设而研发出的一种新型包装形式,在提升包装产业链效率、提升包装管理自动化以及使用环节智能化方面具有较大优势。特别是结合物联网与大数据的智能管控包装,更是未来人工智能包装的基础。

4.4 基于增强现实（AR）技术的交互式包装设计

增强现实（Augmented Reality，AR）技术近几年快速发展，在各行各业都得到相关应用，其优势在于将真实世界与数字虚拟世界融入一个界面，在增强展示效果的同时，提升信息获取的效率和趣味性，并能够进行功能拓展，从而使用户获得超越现实的新奇体验。针对当前包装存在的信息传达形式单一、信息单向传递、包装展示局限、人与包装缺少情感交流以及人机交互体验感欠佳等问题，应用AR技术的智能包装将为这类包装需求提供绝佳的解决方式，同时还可以增强包装的展示效果，提升人与包装的交互体验。

4.4.1 AR技术包装的功能特性

从增强现实技术的特性角度分析，形式上它可以促进包装及产品实现从二维平面到三维立体的转变，信息容量上可承载更多的信息，操作体验上使包装更具互动性和趣味性，还可以提供产品相关的拓展服务，使消费者对产品有更深入的了解。归纳起来，AR技术包装的功能特性主要集中在提供包装的多维展示方式，提升包装导购促销的效果以及提供一定的教育和娱乐功能等方面。

1 多维展示

与传统包装不同，AR技术包装是以动态的形式传递包装信息的，通过三维模型展示、动画演示或结合音频、视频等多种方式来展示包装及产品，达到增强包装展示效果和提升信息传递效率的目的。这种新颖的技术拓展了包装的信息传达方式，提升了包装信息的传达能力，同时也改变了消费者与包装的交互行为。应用该技术能够摆脱以往人们只有接触包装实物才能获得相应体验的局限，在货架上、电商平台上甚至是一个商标上都可以获取相应产品由立体模型、声音、文字，以及影像资料构成的包装信息。可以预见的是，AR技术包装动态多样的展示效果将大大延长消费者与包装的互动时间，加深消费者对品牌以及产品的印象，对于品牌推广以及提高消费认同感都有一定的促进作用。

以药品包装为例，药品信息繁杂，受包装盒面积的限制通常只提供简单的针对症状、成分及使用方法等方面的信息，这对消费者综合了解药品信息造成了一定的阻碍。国外有一款AR药品包装，药品制造商将药品信息及模型上传至线上应用平台，消费者通过此款应用扫描包装即可获得药品的各项信息（图4-13）。消费者不仅可以通过搭配的应用软件获取药品的AR三维模型，在输入性别、年龄等资料后，还可以进一步有针对性地查看药品信息及疗效、使用方法、安全警示等详细内容。这种方式解决了多数人在获取和阅读药品使用说明时的困难，而且操作便利，还兼具用药提醒、设置用药频率和发出使用警告等多种人性化功能。

图4-13　AR技术药品包装

(2) 导购促销

AR技术包装是将二维的图像转化为视频、三维动画或立体模型等形式，以更加生动形象的产品展示效果来吸引消费者，从而实现促销功能。AR技术包装的这种优势在食品、日化用品等多种产品包装上的体现尤为突出。如某啤酒公司推出的一款AR技术包装，消费者在下载专用App后，通过App扫描瓶身的商标即可打开AR播放器播放啤酒宣传视频（图4-14）。这样的新奇体验成为该啤酒公司吸引消费者关注的一条极具趣味的途径，该包装也使这款啤酒获得了更好的销量。此外，澳大利亚某知名餐饮公司也曾推出一款基于AR技术和位置服务的App应用，使用该应用扫描食品包装即可在手机界面呈现基于位置的产品信息，消费者点击选择即可观看以三维动画展现的食物生产及制作过程等，让用户得以安心食用。可见AR技术包装不仅能够打破静态包装信息传递的局限性，还能通过动态趣味展示提升消费者对品牌的认知。

图4-14　AR技术啤酒包装

除此之外，AR技术包装的导购功能也在无人售货机以及其他自助式的产品销售领域得到了广泛应用。譬如消费者可以使用手机等智能终端识别包装上预留的标识区，开启虚拟导购助手，AR技术包装会根据消费者所在位置提供相关产品的分类信息以及各项促销信息并使其呈现在手机屏幕上，通过在手机端查阅即可帮助消费者方便、准确地选择需要的商品。在这个交互过程中，后台服务端可以获取用户更为关注的信息并构建云端数据库，从而根据相关数据向用户推送更符合其需求的产品，做到精准推送，提升购物体验。

(3) 寓教于乐

随着AR技术在教育行业的不断探索，如今的AR技术包装也具备一定的教育功能。由于AR技术的优势，包装能够以儿童喜欢的小游戏、动画、三维场景及模型的动态效果等形式吸引儿童的注意力，并在其中加入教育元素以达到辅助教育的目的。这项功能在儿童安全药品包装中运用的意义较大。为了保证儿童用药安全，很多药品都在包装结构以及包装印刷方面采取相应措施，使儿童不能轻易开启包装或者对药品包装产生厌恶、恐惧的心理来达到用药安全的目的。对于运用AR技术的药品包装来说，则可以通过设计医生的三维动漫形象向儿童说明药品的特殊性与危险性，借助三维形象的动画演示让儿童正确认识药品，而不是一味地恐惧，从而实现教育儿童安全使用药品的目的。

在娱乐方面，借助相应的软件平台和包装，AR技术可以让商品的使用过程更加有趣。目前AR小游戏和基于AR技术的娱乐服

图4-15　可乐AR技术包装

务是AR技术包装娱乐功能的主要探索方向，如在2016年，知名可乐公司与音乐流媒体服务提供商联合在加拿大推出的一款个性化的可乐AR包装。他们在可乐包装上印有如"First Kiss（初吻）""Make a Splash（引起轰动）"等185个共享时刻的代名词，每个代名词作为一个主题包含20多首与主题相关的歌曲。消费者使用手机识别瓶身二维码获取免费的"Play a Coca（玩可乐）"应用之后，使用该应用扫描瓶身即可进入预设的AR播放器界面（图4-15）。在AR交互界面上，消费者可以通过扭转瓶子进行播放、暂停和选择歌曲的操作。此包装一经推出，便使该可乐公司的可乐饮品采购量大幅提升，同时增加了消费者对该可乐品牌的喜爱程度，并且带动了该音乐提供商的应用软件的用户订阅服务增长，是一个成功的AR技术包装双赢案例。

4.4.2　AR技术在包装中的设计流程

在包装中应用AR技术也需遵循一定的设计流程。目前在包装上应用的AR技术大多是将静态图像作为识别标记的，其原理一般是利用图像识别技术将摄像头捕捉到的图像特征与预设的图像特征进行比对，如果符合则通过三维渲染引擎实时渲染三维虚拟场景，并利用三维注册和跟踪定位等多项技术，结合陀螺仪等传感器将虚拟场景叠加到真实场景中，最终呈现在用户的终端屏幕上。虽然AR技术的实现过程较为复杂，但现在已有很多AR平台具备帮助企业简化操作步骤、更快实现相关需求的能力。这里主要从包装设计的角度探讨实现AR效果的设计流程。

第一，选择要使用的AR效果。AR技术带来展示效果的增强可以通过三维动画、视频、立体模型、虚拟场景等效果实现。每种效果的成本和表现能力不同，在设计AR技术包装时就需要针对设计的产品和目标需求选择合适的AR效果。此外，还需进行用户交互界面的设计、操作方式的设计以及展示内容的设计（如三维模型、动画、视频的设计等），即整个AR效果体验过程的设计。

第二，AR效果的设计实现。在包装上应用的AR技术通常是有识别标记的，因此，在设计AR技术包装时可选用包装的Logo或者有代表性的图像符号作为识别标记，实现包装信息的调用。之后将制作好的视频、三维动画或者立体模型等展示内容与识别标记进行匹配，使消费者能够在扫描识别标记后，通过三维渲染引擎结合传感器和定位技术在自己的终端屏幕上呈现预设的AR效果。在交互设计和操作方式的实

现方面，采用手势识别等人机交互技术还可以实现虚拟场景的切换和变化。最后，整个方案测试完善之后在平台进行发布。

第三，提供额外的增值服务。其实到第二步，AR技术包装应用的设计层面就已基本结束，但为了抵消应用AR技术带来的成本提升，通常选择在AR界面提供额外的增值服务。不同类型的包装，增值服务内容也会有所差异。目前增值服务的主要探索方向是娱乐功能和拓展实用服务的支持，比如药品领域的AR技术包装增加医生问询服务，食品包装则可以添加娱乐性强的游戏竞赛等方式提升包装的增值功能。

第四，服务的维护和更新。当AR技术包装推向市场之后，仍然需要根据实际效果对方案进行修改和完善。生活节奏的加快使"快消费""快文化"深入人心，AR技术包装也应不断更新以适应消费者需求的变化，推出新内容和新设计形式来吸引消费者。

4.4.3　AR技术包装的设计原则

(1) 选择性设计原则

首先，包装中应用AR技术是有选择性的，即并非所有的包装都适合运用AR技术。AR技术包装虽然优势很多，但是相对于低价的普通包装来说，运用AR技术三维建模、创造虚拟环境、设计交互体验方式等都会大幅增加包装成本，况且这种耗费人力物力的工作并不一定会促进产品的销售，甚至会给生产企业带来巨大压力。

其次，AR技术包装的界面设计需要注重包装信息的传达方式与技巧，其展示的信息通常也是有选择性的，并不是所有的信息都适合在AR技术包装中以虚拟形象或者虚拟场景等方式展示。在AR交互环境中，为了保证用户体验的流畅性，AR界面的元素不宜过多也不宜过于复杂，过多的内容会增加用户终端加载虚拟模型和虚拟环境的时间，还会增大虚拟场景与现实场景叠加的运算量，降低用户的体验感。因此，大量文本信息以及消费者关注较少的信息要避免采用AR技术展示，这样一方面可以降低对包装三维模型和场景设计的人力、物力和资本投入，另一方面还能使AR技术包装的交互界面重点突出、层次分明，使包装信息得以有序、高效地传递给消费者。

(2) 动态交互性设计原则

AR技术包装最大的优势在于不再受限于传统包装印刷信息，改变了传统包装静态的信息传递方式，借助智能手机等终端设备增强商品、包装、消费者三者之间的交流和互动，并以视频、三维模型动画等趣味化动态形式来促进包装信息的传递，实现包装的智能化。因此在包装上应用AR技术时，尤其要注重AR包装的动态交互设计，如交互界面的视觉设计、视频动画的设计、交互方式的设计等，从而以更加高效的方式传递包装信息。从优势上看，AR技术包装的动态交互性还能够在增进人与包装交流的同时加深用户对品牌的认知，有利于塑造企业品牌形象。所以立足包装设计，除了包装材质、结构以及必要的装潢带给人的体验，利用AR技术增强包装与用户的互动性也是AR包装设计时需要注意的地方。

【3】趣味性设计原则

AR技术包装能够带给消费者超越现实的包装体验，趣味性的增加则进一步提升AR技术包装对消费者的吸引力。趣味性是AR技术包装的显著特征，对于年轻购买者来说，趣味性增加更有利于引起该群体对产品的关注，提升消费者的购买欲。AR技术包装的趣味性对儿童群体的吸引力表现得尤为强烈，如在保证趣味性的同时加入教育元素，能进一步提升教育效果，达到"寓教于乐"。不仅如此，注重AR技术包装的趣味性设计还能增强包装与人的情感交流，延长包装的使用寿命。

【4】便利性设计原则

在使用便利性方面，用户体验AR效果往往需要下载相应的App才能实现。在获取App的方式上，目前包装的大多数方法是利用二维码或是NFC技术引导用户进入体验App的下载渠道，从而在该App中获得包装的AR体验。因此，设计师除了应尽可能地减少用户下载App的难度，还要优化App的交互界面以及人、虚拟模型和场景之间的交互方式，如AR界面可采用折叠式设计，消费者可选择感兴趣的信息查看。简而言之，AR界面要尽量做到简洁、清晰，否则又会陷入传统包装信息繁杂的状态，丧失技术优势。

AR技术在包装上的应用，不仅创新了包装的形式，还实现了包装功能的多元化、包装信息展示的多维度和趣味性，其独特的虚拟与现实跨界体验方式也给消费者带来更多的新鲜感和包装交互体验上的提升。由于AR技术与包装的结合必然会打破原有包装设计的惯性思维，因此，这种新型包装技术需要设计师结合其技术特性和设计原则做出创新性改变，更好地利用此技术优化人与包装的交互体验。

4.5　基于虚拟现实（VR）技术的交互式包装设计

近年来，虚拟现实（Virtual Reality，VR）技术蓬勃发展，在医疗、教育、游戏等领域都得到了广泛的应用，并逐渐扮演起重要的角色。囿于技术成本和使用环境，虚拟现实技术在包装上的应用并没有达到增强现实技术应用的规模，甚至在某些层面上的应用还处于探索阶段。然而，随着产品种类与用户需求的多元化发展，虚拟现实技术的优势逐渐显现出来，运用虚拟现实技术的智能化包装能够帮助人们在虚拟世界中全方位地了解与感受产品，获得别样的包装体验。

4.5.1　VR技术包装的特点

VR技术能够为包装在互动体验以及动态展示方面带来巨大的优势，可以通过图像、视频、声音以及虚拟环境等元素实现动态展示，让用户在虚拟环境中全方位体验多维的产品信息的展示效果。同时，在听觉、视觉甚至触觉等感官刺激的加持下，这种实时性、沉浸性体验和自由度是其他包装形式难以比拟的。可以说，VR技术为智能包装提供了另一种新型体验方式。这种完全沉浸式的体验，不仅能多维度地展示包装及产品信息，还带来了购物方式的新变革，即虚拟现实购物平台，让人足不出户便能近距离体验产品及包装，也在一定程度上满足了行动不便者的购物需求。VR技术带来的全方位的交互式体验改变了传统货架销售包装的体验模式，拉近了消费者与产品的距离，使包装体验更加多样，充满趣味。通过记录用户在虚拟环境里的点击频率、视线停留时长以及商品关注度，企业可以获取消费者在产品喜好、产品关注点等方面的数据，以便进行更加高效、精准的产品研发。

在VR技术与AR技术的差异性方面，VR技术给人提供的是模拟现实的虚拟世界，是一种沉浸式的虚拟世界体验。AR技术则是将现实场景和虚拟场景、虚拟物体进行叠加，给人一种基于现实而又超现实的体验，是与现实世界相关联的。从实现门槛来看，VR技术因受到当前技术限制，除去专门为了展示效果的视频及VR全景图，大多数采用的是VR眼镜加上计算机的形式，或使用VR一体机并配合一些外置设备实现其体验效果（如一款VR体验设备，图4-16）。AR技术的实现门槛相对较低，在配备了相关传感器的智能手机等终端便能实现增强现实的体验。

图4-16　VR体验设备

4.5.2　VR技术包装的类别

根据功能实现和用途的差异，VR技术包装分为用于展示产品效果的VR技术包装、展示与交互结合的体验式VR技术包装和面向VR购物平台的VR技术包装三种类型。

(1) 用于展示产品效果的VR技术包装

正如我们所知，为用户提供产品展示说明及各项包装信息是销售包装的主要功能之一。应用VR技术的包装改变了传统包装静态展示的方式，转而采用动态的听、视觉效果辅助用户了解产品及包装信息。这不仅是一种体验方式的改变，同时也使包装的趣味性以及信息传达的有效性得到质的提升。VR技术包装与AR技术包装在商品信息的动态展示效果方面是十分相似的，不同的是，VR技术包装提供的是一种沉浸式的体验，受外界环境的干扰更小。VR技术包装能够提供任意角度的包装三维模型演示，图像、视频、声音以及模拟操作等元素的加入丰富了包装的体验性。由于技术要求，VR技术包装需要佩戴VR眼镜以实现完整的沉浸式体验，就目前的发展水平而言，市场上主要有两种解决方式。一是用户购买专门的VR设备，包括VR眼镜或头盔、操作手柄、高性能计算机或VR一体机等；另一种是设计师通过纸盒包装结构设计，使包装可以经过折叠改造成简易的VR眼镜进行二次利用（图4-17）。

【2】展示与交互结合的体验式VR技术包装

更强的交互体验是VR技术包装的优势之一。展示与交互结合的体验式VR技术包装能够使用户通过操作手柄或简单的交互动作在虚拟空间里体验产品,提升产品及包装的展示效果。由于VR交互技术的要求,此类包装通常需要配备计算机等运算处理设备、显示头盔或VR眼镜,以及下达指令的手柄等设备。随着移动智能终端硬件规格的提升,其也能完成一定的虚拟场景及三维模型的运算处理任务。因此,为了降低目前VR技术的使用成本,也可以用当前性能较强以及屏幕显示效果较好的智能手机代替处理和显示设备,并配合成本低廉的VR眼镜实现虚拟现实的体验(图4-18)。在下达交互指令方面,虽然使用外置手柄是最为便捷的实现手段,但在面对一些较为简单的处理任务时,利用智能手机的传感器也能达到一定的交互效果。就目前应用了VR技术的包装产品而言,其实现的功能较为简单,如包装效果演示、开启使用包装、包装信息展示等。这些效果可以由设计者预先在程序中设定指令按钮,用户通过眼镜的悬停,利用注视焦点进行选择和控制,这种效果通过智能手机就可以实现,适用于一些特殊开启结构的包装开启方式展示、某些产品及包装的使用方式展示、药品辅助说明演示等方面,方便消费者获取产品包装的使用信息。

图4-17 VR纸盒包装

图4-18 智能手机与纸质VR眼镜盒的解决方案

【3】面向VR购物平台的VR技术包装

VR技术不止在教育、医疗、娱乐等领域有着广泛的应用,对于未来智能城市的发展而言,VR技术包装可以作为智能家居的一部分为人们提供基于VR技术的购物平台,从而掀起新一轮购物方式的变革。VR购物平台不仅可以带给人们足不出户的购物体验,还可以提供一个可交互的仿真虚拟购物世界,让人们仿佛置身现实世界的超市中购物,获得身临其境的购物体验。

目前我国基于VR技术购物的平台还处在研发阶段,进入市场应用还有待时日。在国外,意大利的一家公司已经推出一款VR购物应用,消费者佩戴VR眼镜并配合操控手柄即可通过此应用获得在虚拟超市中的购物体验(图4-19)。在该虚拟超市里,人们可以下达行动和查看指令,浏览超市的不同区域和不同商品,该应用会在人们查看货架商品时提供相应的产品信息及用户评价,方便用户选择和购买心仪的商品。面对购物方式的如此变革,针对这一技术的包装自然需要相应变化。

图4-19　VR购物应用

4.5.3　VR技术包装设计的注意要点

【1】分类别对VR技术包装进行方案设计

对用于纯展示产品效果的VR技术包装，其实现功能有限，主要以播放产品的VR视频或者图片为主展示当前产品及包装信息，这种较为简单的功能降低了对硬件的要求。在展示内容方面，可以通过制作产品及包装的三维模型动画并配合图片及文字展示，或呈现以第一人称视角录制的关于产品体验的VR视频。

展示与交互结合的体验式VR技术包装由于具备操控功能，设计时需要在展示的基础上增加更多的交互元素。因为该包装实现的功能较多，其内容含量也会相应增加，并且需要配合相应的指令进行操控，所以往往需要借助App来体验。在展示效果方面，产品也需要通过三维建模或者对生产的实物进行立体扫描以输出三维模型并录制视频和制作三维动画。不同的是，该包装形式可以模拟现实中打开包装、旋转包装、选择需要了解的包装信息等包装操作环节，具有更强的可操作性。

面向VR购物平台的VR技术包装的设计更多地体现在交互设计的层面上。以VR超市来说，这种虚拟货架的包装构建有两种手段：一是直接通过摄像头对实体超市和货架产品进行信息采集然后三维输出；二是设计一个完全虚拟的购物环境，所有的产品以三维模型的形式呈现。产品的信息展示则可以通过搭配多层次、多元化的信息传递形式来实现，如产品及包装信息可以通过视频、演示动画、可交互的立体模型等方式展示。

由于VR技术包装是在虚拟环境下呈现的包装形式，摆脱了现实环境中制作成本等诸多因素的限制，因而具有更高的自由度。与之相对应，在进行VR技术包装设计时，设计师所受到的限制也会减少。设计师可以充分发挥想象力，借助视频、音频等多种媒体形式丰富该包装形式的体验。

【2】交互界面的视觉设计要点

不同于当前实体包装亲身体验的方式，VR技术包装的体验过程是在一个完全虚拟的环境中进行，用户与包装的交互方式和内容需要针对虚拟环境下人们的体验规律进行适应性的设计。如在虚拟环境中，假设人们坐在不可旋转的座位上直视前方时，左右方向的视域在94°（以目视前方的中心线为基准，即-47°~47°）范围内是舒适区域，上下视域在-12°~20°范围内是舒适的区域（图4-20），左右方向比上下方向的舒适区域更大，因此，人们更倾向于横向左右转动进行视野的切换，纵向上下的切换容易使人产生眩晕感。这就要求设计师注意将视觉元素主要以横向排布的方式放置，避免纵向切换带来体验不适。

在VR购物平台方面，对交互便捷性的要求更高，只有更流畅的浏览体验、更方便的操作流程以及更强大的商品展示效果才有助于消费者快速挑选出心仪产品。在面对残障人士时，提供不同的模式以及不同的交互手段也是设计师需要特别关注的。此外，大数据以及云计算技术的加入可以帮助企业获取消费者的视线停留时长、浏览喜好等数据，帮助设计者对虚拟场景中的交互方式及界面进行优化，提升用户获取关键信息的效率。

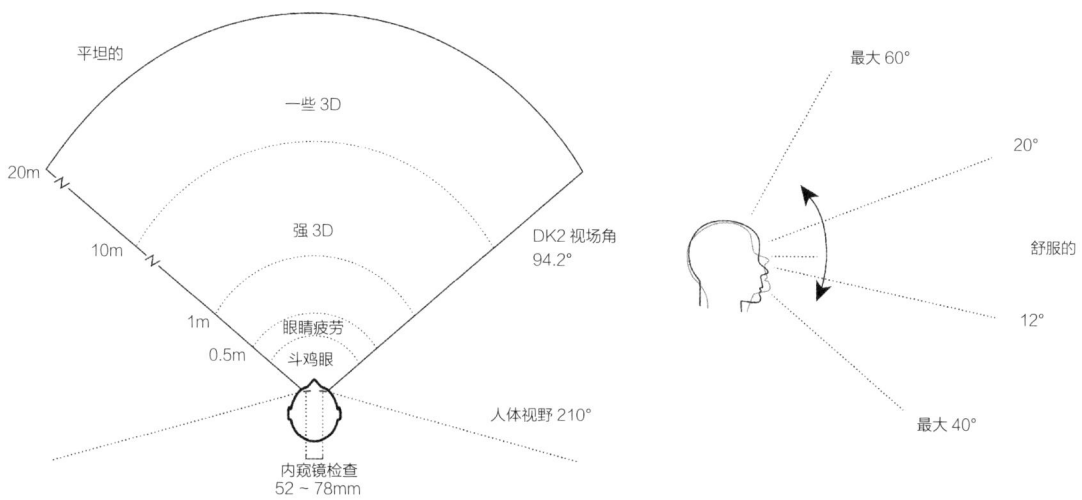

图4-20　人在VR环境中的舒适视域范围

第5章
材料智能包装设计

5.1　变色材料包装设计
5.1.1　变色材料的视觉特性
5.1.2　变色材料包装的分类及设计应用
5.1.3　变色材料包装的图形动态视觉演绎
5.1.4　变色材料包装视觉符号的动态设计原则

5.2　发光材料包装设计
5.2.1　发光材料包装的概念及原理
5.2.2　发光材料包装的特殊功能
5.2.3　发光材料包装的艺术形式表现方法
5.2.4　发光材料包装的设计关键

5.3　水溶材料包装设计
5.3.1　水溶材料包装的概念及原理
5.3.2　水溶材料包装的特殊功能
5.3.3　水溶材料包装的设计原则与关键

5.4　活性包装设计
5.4.1　活性包装的概念
5.4.2　活性包装的类型及原理
5.4.3　活性包装应用的功能价值

5.1 变色材料包装设计

变色材料包装是材料智能包装的主要类型之一，是指在包装上应用变色材料，如光致变色材料、温致变色材料、电致变色材料、压致变色材料以及其他变色材料，使包装在受到光、电、温度、压力、溶剂和化学环境等特定外界激发源作用时，具有智能特征或模拟人类某些行为的功能，并通过颜色的变化来做出反馈。变色材料在包装的图案显示、信息记录、警示提醒、美化装饰、防伪安全、互动娱乐等方面具有很好的应用前景。

5.1.1 变色材料的视觉特性

变色材料是指在受到外界激发源作用时，自身可发生颜色变化的材料。这类材料一般对环境中的特定因素（如光、电、温度、压力等）具有响应性与敏感性，并能够产生相应的颜色变化，其变化的效率、范围、样式、强度等受激发源与材料自身性能的影响。随着变色材料生产技术的逐渐成熟，越来越多的变色材料开始应用于包装领域。相对于普通包装材料而言，变色材料具有自主感知周围环境变化、适时做出判断和采取相应视觉变化的功能特点，即材料的感应、识别和可变，应用于包装后，包装便具备了相应的智能特征。

5.1.2 变色材料包装的分类及设计应用

变色材料包装的功能价值主要是依托变色材料在感应刺激后产生颜色变化来实现的，根据变色材料自身的特性及其在包装上应用表现出来的功能特征，可按两种方式对变色材料包装进行分类。

第一，根据包装颜色变化的机理进行分类。变色材料包装发生颜色变化是变色材料受到环境中特定因素的激发所致，这些因素包括光、电、温度、气体以及其他因素，称之为激发源。激发源不同，材料所产生的变色行为也不同。根据激发源的不同，可将变色材料包装分为光致变色材料包装、温致变色材料包装、电致变色材料包装、压致变色材料包装以及其他变色材料包装。

第二，根据包装颜色变化的可逆性进行分类。颜色变化的可逆性是指材料在特定环境的刺激下产生颜色的变化，并在刺激消除后恢复到原始颜色；而不可逆性则是在刺激性消除后不会恢复原始颜色。根据这个机制特性，可将变色材料包装分为可逆型变色材料包装和不可逆型变色材料包装。

下面从材料工作原理的差异性对变色材料包装进行介绍。

【1】光致变色材料包装

光致变色材料包装是指在包装上整体或者部分应用光致变色材料，使包装在受到光源激发后产生颜色的变化，可用于包装的展示、销售、防伪等领域。另外，利用光致变色化合物在受不同强度和波长的光刺激时可反复循环变色的特点，也可将其制成计算机的记忆存储元件，实现采集信息的记忆与消除过程，用于智能包装领域代替传统电路实现颜色变化的自供循环功能。如一款使用光敏变色油墨印刷标签的UV酒瓶包装（图5-1），当暴露在紫外线阳光下时，标签留白处会变色，酒瓶瓶身上会出现蓝色的纹理，在防伪的基础上，也能增强包装的互动性。又如日本的一款防晒乳液包装同样使用了光致变色材料，在受到不同程度的紫外线照射时，瓶盖会从白色逐步转变为各种程度的紫色，颜色越浓，则意味着周围环境中的紫外线辐射越强烈。（图5-2）。

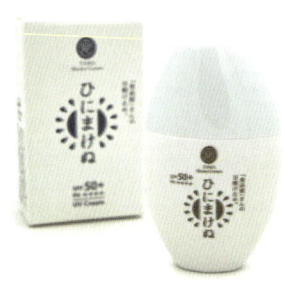

图5-1　光敏变色油墨印刷标签的UV酒瓶设计　　　　　图5-2　光致变色材料制成的包装

【2】温致变色材料包装

温致变色材料包装是指在包装上整体或者部分应用温致变色材料，如温敏变色油墨、温敏变色涂料、温致变色纸、温致变色薄膜以及温致变色纺织品等，使包装随温度越过临界温度上升或下降而发生颜色改变，这种材料可用于食品、药品、日化用品等领域的销售展示、温度指示、化学防伪、趣味娱乐等方面。如俄罗斯一家创意机构设计的一款利用温敏变色印花材料打造的啤酒酒瓶包装（图5-3），该酒瓶包装在常温状态下，瓶身上会显示标志性的红色按钮，当处于冷藏状态时，瓶身暗纹上的颜色就会被"激活"，逐渐显露出来，这样就能够通过颜色变化直观地反映产品的实时温度，并与消费者进行一个简单的视觉互动。

某茶叶品牌的冰茶包装也是采用温敏变色油墨印刷而成的（图5-4），这款冰茶当冷藏到最适温度时，瓶身上的"LOVE"字样就会逐渐显现

图5-3　温致变色印花材料制成的啤酒酒瓶包装

出来，来表达"爱就是稳定的温度"这一设计理念。在常温下，瓶身上的图案呈银色，经过冷藏手段使冰茶的温度达到最佳饮用温度时，图案便由银色变为蓝色，来凸显出"LOVE"字样，有利于消费者和品牌产生互动，赋予了包装灵活性，将消费者关注的重心由产品转至包装上。美国的一家公司在其计时温度标签中采用了不可逆的温致变色材料（图5-5），使标签能够显示产品在非受限温度条件下暴露的时间长度。值得注意的是，记录不会随温度和时间的变化而改变，

图5-4 冰茶品牌的温致变色材料包装

因此，这种标签可用于监测医疗用品、疫苗、血浆、胶囊制品、化学药品、巧克力以及冷藏食品等产品的包装环境。

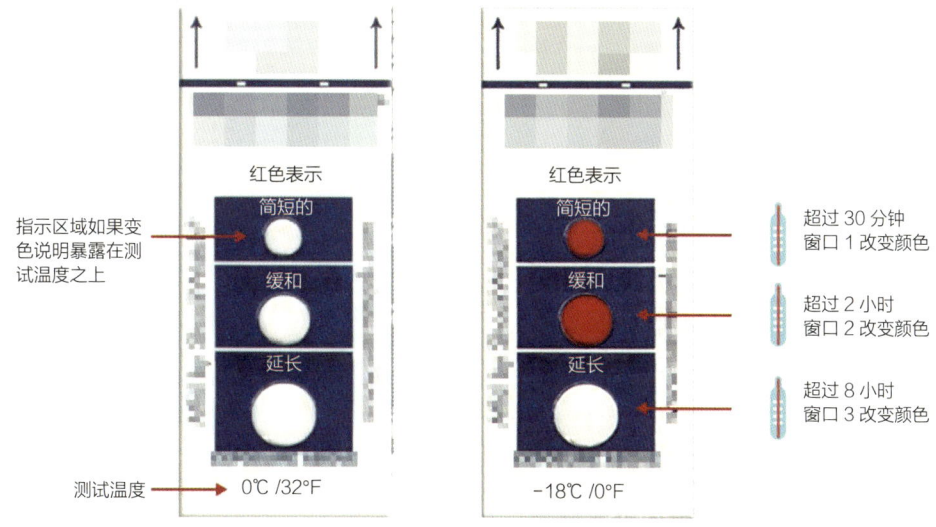

图5-5 冷链用温敏变色检测标签

(3) 电致变色材料包装

电致变色材料包装是指在包装上应用电致变色材料，使包装或者包装的某些部件在电力作用下，产生稳定可逆的颜色变化，颜色变化的程度与注入或抽出电荷的数量有关，因此可以通过调节外界电压或电流来控制电致变色材料的致色程度。这种电致变色材料包装一般是在包装本体上加入用电致变色材料制成的电致变色器件，如图案化显示器件、有机电路、电子纸、传感器、电子显示屏等，从而使其具有某些智能特征。虽然这些器件在目前包装领域的应用并不多见，但随着纳米技术与印刷电子技术的发展，这些器件的生产成本会大幅下降，未来有望在包装领域实现普及和应用。如清华大学杨诚团队在柔性电致变色器件封装领域取得了新的进展（图5-6），其开发了一项针对电致变色器件难以裁剪和封装问题的有效策略，巧妙地实现器件制备流程的免封装和破损后的自愈合，以及任意裁剪定制的效果，对未

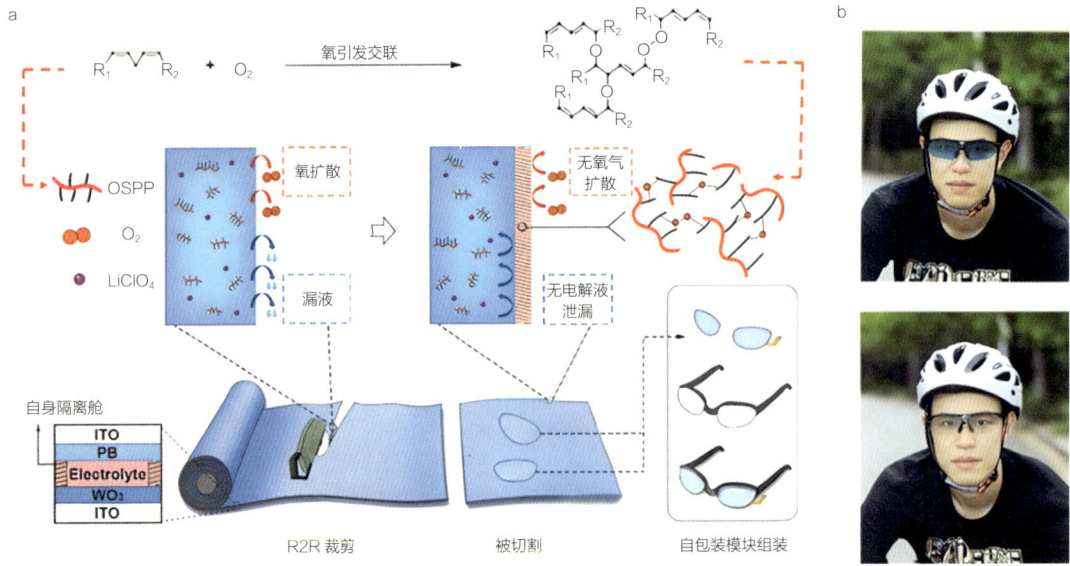

图5-6 柔性电致变色器件

来简化制备流程和拓展电致变色器件应用场景方面具有重大意义。又如一款新型电子纸显示器（图5-7），它由一层电致变色材料构成，位于两个电极层之间。当受到电流刺激时，这种材料会从一种颜色转变为另一种颜色，这种显示器在包装领域有着良好的应用潜力。

图5-7 电致变色电子纸显示器

(4) 压致变色材料包装

压致变色材料包装是指在包装上整体或者部分应用压致变色材料，使包装在受到外力刺激时会发生颜色上的改变。其原理是压致变色材料在受到外界压力或研磨时，自身发光的性质会发生改变从而产生相应的颜色变化。由于包装的发光颜色或光谱可以用肉眼观察或用仪器进行定量检测，因此，压致变色材料包装在防伪、传感、检测、数据记录和存储等诸多领域有着潜在的应用前景。压致变色材料的防伪应用是利用自身在力的作用下颜色发生改变的原理，用图案化的形式将压致变色材料植入商标标签或者包装图案中，在受力作用后，直接用肉眼观察判断或借助紫外线照射进行观察。压致变色材料还能应用于贵重物品或大型物品包装中测量其抗压程度，通过颜色的变化来指示受压或被破坏的部位。

(5) 其他变色材料包装

除了以上四种变色材料包装外，还有一些对特定的气体、溶剂以及化学环境等因素具有敏感特性的变色材料包装。这类包装往往是利用材料之间发生化学反应生成具有新颜色的物质，可用于监测包装内外部环境中硫化氢、氧气、二氧化碳、乙烯等特定气体或物质并根据颜色变化程度判断其含量。这些材料还可用于危险品、化工用品等的储运包装中，起到泄露指示的作用。日本一家公司研发了一种氧气含量指示标签，它通过测量包装内的氧气含量来确认除氧剂的活性（图5-8）。当包装内氧气浓度≤0.1%时，标签呈现浅粉色，表明包装内氧气含量非常低或不含有氧气，除氧剂活性良好。当包装内氧气浓度≥0.5%时，标签会变成蓝色，这意味着包装内含有较多的氧气，除氧剂活性下降或失效。

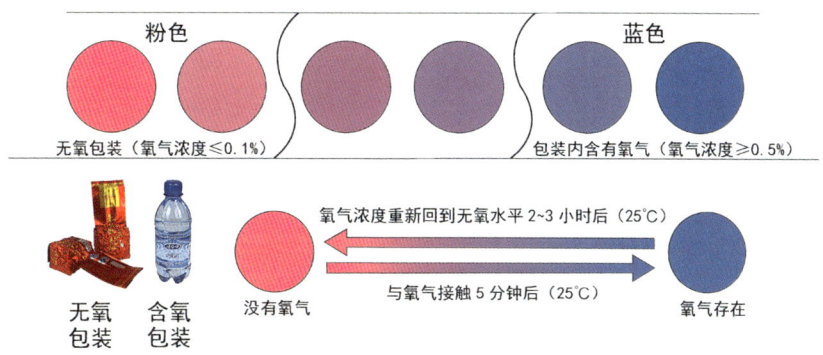

图5-8　氧气含量指示标签

5.1.3　变色材料包装的图形动态视觉演绎

变色材料拥有感应、识别、可变等特性，将其应用于包装设计开发时，应从图形、色彩、文字、形态等方面考虑其设计形式的表现。

【1】指示意义的图形符号变化

用这类具有视觉特性的变色材料进行包装设计时，应注重图形设计的表现。一般而言，包装图形的符号设计要以人们对图形的认知心理与行为为依据，还要考虑国家、地区、民族、宗教信仰等因素的影响，在此基础上进行创造。变色材料包装设计的图形表现概不例外，与之不同的是，受材料视觉可变性的影响，变色材料包装的图形符号所呈现出来的状态是动态变化的。在具体设计时，可从以下三个方面入手。

①强化图形的秩序变化

受材料的特殊性和包装对象的针对性影响，变色材料包装设计的图形设计，一般选用本身具有较强指示性，并且为受众群体所共同承认的图形符号，以此来清晰、准确地传递信息内容。例如箭头、钟表等符号本身就具有很强的指示性，将其应用在包装中，能够使消费者快速直接地接收到设计者所要表现的指示意味（图5-9）。受变色材料包装可变性的影响，在利用符号进行图形设计时，要强化图形的秩序变化，但不要过于夸张或变形，以免适得其反。

②控制图形的透明层次

限于材料属性，普通材质的商品包装在图形表现上，只是在静态的空间部位做有限的动态变化，而变色材料包装拥有对环境、时间等因素的感应特性，在视觉变化上也有过程性的差异，故而在图形的表达上要充分表现变化的层次感。这种层次感可以通过控制图形的透明度来实现。譬如，在食品包装中，我们可以改变图形的透明度，预设相对明显的透明层次，以此来表示食品的新鲜程度。图形的透明度程度越低代表食品越新鲜，而图形越透明则表示食品临近变质。如图5-10所示，采用不同透明度的苹果图案来表示食品的新鲜程度。当食品保持新鲜时，苹果图案呈现正常状态；随着时间的流逝，苹果图案逐步呈现透明状态。当图案变得较为透明时，意味着内部食品已经变质，不宜食用。

图5-9　自身带有指示意义的部分符号

③图形的情感化设计

表示包装内容物是否变质的图形符的设计也可以将图形置于一定的情境之中，再对其形态进行递进演变，直至形态的完全转换。这种图形的变化多应用于食品包装领域，可用以指示食品的新鲜程度。如图5-11所示，底色从白色逐渐变为黑色，预先印制的黑色"笑脸"图案逐步消失，而白色"哭脸"图案逐步显现出来，这种从"笑脸"向"哭脸"过渡的过程能让消费者清楚地感知到食品新鲜程度的变化。

图5-10　图形透明度变化

图5-11　图形的情感演变

【2】指示意义的色彩符号变化

色彩心理学家认为，不同的消费群体对不同的色彩所产生的心理感受也不尽相同。因此，在对变色材料包装的表现形式进行设计时，应分析消费市场，选择符合受众习惯及心理感受的色彩来显示所要表达的信息内容。

①颜色对比设计形式

利用智能材料可单一变色或连续变色的属性，可在包装中通过颜色对比，起到一定的视觉冲击作用，同时辅以必要的文字说明，使消费者能快速直观地从包装的颜色获取与被包装物相关的实况信息。如图5-12所示，草莓包

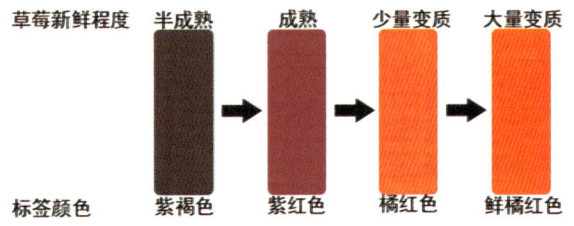

图5-12　草莓新鲜度智能变色指示标签

装中应用的智能变色标签设计,使用了从胡萝卜皮中提取的多酚类色素过滤液作为涂层,这种材料具有明显对比的连续变色特性。在草莓半成熟阶段,包装标签呈现紫褐色;成熟时,标签变为紫红色;少量变质时,标签呈现橘红色;大量变质时,标签呈现鲜橘红色。虽然每种颜色都清楚地传达了草莓当前的品质状况,但是包装上还需附加必要的文字说明,以便用户明确各种标签颜色的含义。在变色材料包装的颜色对比设计形式中,值得注意的设计要点在于,一些变色材料的颜色变化区间较小,变化的颜色过于相近,不容易分辨,在变色材料包装上进行设计应用时应尽量避免选用同类色的变色材料,而多选择颜色变化对比度强的变色材料。同时,在实现变色功能的基础上,还可以利用设计学原理对这种初级的设计形式进行改造,让形式更加美观,更加符合消费者的审美需求。

②颜色渐变设计形式

颜色渐变是一种比较常见的视觉表现手法,可以带给人很强的节奏感。在变色材料包装的设计中,颜色渐变是指在基本型的基础上逐渐的、有规律的、有顺序的设计变化。这种设计形式应用在包装上目的是实现信息传达的准确性和提高辨识效率。例如,采用颜色渐变设计的条形码(图5-13),在包装上使用变色材料印制条形码。当食物腐败过程中产生的特定物质引起材料颜色变化时,条形码会从逐渐模糊到最后完全消失。消费者可以清楚地识别出受损的条形码,同时该产品在购买时无法被扫描机识别。这不仅可以提醒消费者避免购买过期变质的食品,还便于超市员工及时下架过期商品。

图5-13　颜色渐变的条形码设计

③颜色嵌入式设计形式

颜色嵌入式设计是将材料的颜色变化与包装的装潢图案融为一体。首先将需要变化的图案设计成包装视觉形象的组成部分,然后在图案上辅以变色材料,使之与包装的原始图案相互呼应,形成商品包装个性和独特的审美形象,从而产生更好的视觉冲击效果。

(3) 文字字义信息变化的直接传达

除了图形和色彩的变化,我们还可以通过文字的字义去表达指示效果。当我们把文字所要表达的信息作为整个设计表达的关注点时,应注意两个原则:一是设计文字应准确清晰易懂,二是字数精短突出简洁。例如,利用"YES"到"NO"之间的变化或者"好"与"不好"之间的转变表达指示效果时,这种具有明确指向性的文字信息可以为消费者提供清晰的指示(图5-14)。前文所阐释的包装表面的文字图案逐渐消退的方式也

图5-14　文字字义变化指示

可以很好地指引消费者，因为包装上的文字消退之后，对消费者而言，自然不会去购买没有任何产品信息的商品。

(4) 多元含义的组合变化

除上文提及的可以独立予以表现的形式，还可以将各种类型的表现形式进行组合，在强化指示效果的同时，丰富视觉感受。如图5-15所示，是将带有标志性的沙漏图形与色相变化巧妙地结合起来。沙漏图形本身就具有时间的含义，当消费者看到这个图形时，能够产生此含义的联想。图形由白到蓝的色相变化，又恰巧如沙漏中的沙砾随着时间的推移从沙漏的上部滴落至下部，这种图形与色相的设计结合十分巧妙。

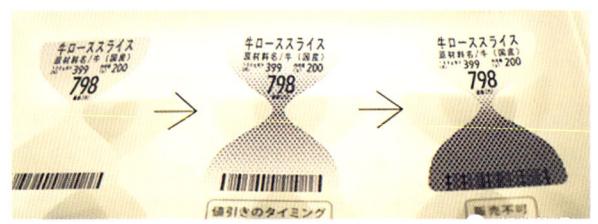

图5-15　变色材料包装表现形式的组合指示

5.1.4　变色材料包装视觉符号的动态设计原则

变色材料包装的视觉传达首先要建立在材料自身在受到激发时发生变化的基础上。此外，变色材料包装设计的视觉元素应建立在反应内装物实时信息的基础上，并以多重层次的动态化形式来有效传达包装内装物在不同时间点下的质量递变信息。因此，变色材料包装的视觉符号在设计过程中除了要满足传统包装的设计要求之外，还应把握以下三个原则。

(1) 视觉信息传达的准确性原则

这类包装设计视觉表达中的系列图形、文字、色彩、形态等要素都应秉持一个共同的原则，即传达真实、准确、有效的信息。变色材料包装视觉变化的本质，就是要准确传达出产品的阶段性信息内容。在具体设计时应从两个方面来把握：一方面是掌握材料颜色视觉变化的区间，特别是明确色相变化范围之后，再进行创意表达的设计；另一方面是分析包装材料与内装物属性变化之间的内里关系，来强化图形语义在传达内装物储运过程中的阶段性变化特征，以提高消费群体对此类警示信息的识别性与准确性。

(2) 动态图形表现的巧妙性原则

"巧妙性"是连接图形符号主题与图形动态表现、材料颜色视觉变化的润滑剂。变色材料包装的视觉传达的设计表现能否成功,图形符号的创意想法能不能恰当地表达,就要看图形之间逻辑表现的设计是否巧妙流畅。由于变色材料包装的图形表现是一系列的动态表现,因而要强调图形与图形之间的递进关系。如果图形符号之间缺失了一种符合规律的巧妙性,会影响信息传达的准确性,也会影响包装设计的美感。因此,要利用不同变色材料特性来把握图形的主题与层次变化,并进行巧妙结合。

(3) 视觉展示效果的艺术性原则

艺术性原则是变色材料包装设计时应把握的关键原则,因为包装设计的出发点与归宿是人,所以变色材料包装的视觉展示效果应符合消费者的审美情趣,使人们的物质需求和功能得到满足的同时,也得到在心理上的精神愉悦。在变色材料包装的视觉传达设计中,其艺术性设计原则体现在以下三个方面:一是要切实考虑材料本身的性能特点;二是要依附于包装所具有的形式美的基础之上;三是要综合考量图形在趣味性、巧妙性、审美性表达之间的逻辑关系,并在具体设计中合理地把握和实现这一艺术性的原则与要求。

5.2 发光材料包装设计

发光材料是一种能够以某种方式吸收能量,并将其转化成光辐射(非平衡辐射)的物质材料。在视觉形式上,发光材料与变色材料相似,都是通过颜色的变化来识别的,因此部分发光材料也被称为发光变色材料。在实际应用中,发光材料主要有以下几种应用形式,如发光油墨、发光涂料、发光陶瓷、发光玻璃、发光塑料、发光纤维、发光薄膜等,用以实现包装的安全警示、多维展示、防伪以及互动娱乐等功能。根据发光材料的发光原理,可大致将其分为五种类型:光致发光材料、力致发光材料、化学发光材料、电致发光材料和其他发光材料。

5.2.1 发光材料包装的概念及原理

发光材料包装是指在包装上应用发光材料,如光致发光材料、力致发光材料、化学发光材料、电致发光材料等,使包装能够以某种方式吸收能量,并以发光的形式表现出来,进而通过包装本体颜色以及与环境光的颜色进行叠加呈现出第三方色彩来有效传达包装特殊信息的一类包装。发光材料包装是智能包装中一种特殊的包装形式,通过包装本体颜色与环境光颜色相互叠加,形成第三方色彩,从而表现出不同的视觉效果。这类包装通常采用感应材料或者数字感应器来触发光源,使发光材料产生不同的发光形式,能在自然光与非自然光的双重使用环境下展现包装视觉效果，最终实现包装警示与管控等特殊功能。它的优势在于能在双重光源环境和动态的艺术表现形式两方面发挥自身的特性，弥补传统包装在信息传达效果上的不足。

相较于纯粹的以数字技术为基础的智能发光包装，发光材料包装更加强调包装材料自身能自主响应发光的功能特性，并且通过应用这些包装材料使包装可以具备一些特殊功能。智能发光包装则更强调通过数字技术对包装上的灯光与色彩的排列、分布、变化进行控制，从而实现包装视觉的特殊性表达，进而使包装实现一些特殊功能。

5.2.2　发光材料包装的特殊功能

发光材料包装具有很广泛的实际用途，因为光与人们的生活息息相关，所以可以利用不同颜色的光来产生不同的效果，如增强包装的警示和指示功能、提升交互性体验、增强包装视觉关注度等。同时，发光材料包装具有很强的针对性，也适用于一些特殊人群和特殊领域，特殊人群是指在日常生活中的一些弱势群体，包括儿童、老人等，特殊领域包括军事、救灾、户外、宴会等领域。

(1) 增强型实用功能——安全警示与指示功能

发光材料包装的安全警示与指示功能，体现在包装在外界环境（温度、光线等）变化的前提下，通过配置相应的感应技术，使发光材料产生可控的变化，如光的颜色、频闪和造型等，从而实现特定的功能。以针对老年人设计的药品发光包装为例，由于老年人视力衰弱、听力减弱，多数情况下，不能按时服用药品，或者在夜间发生紧急情况时，可能由于光线原因不能及时找到急救药品，从而引发生命危险。发光材料包装可以通过夜间荧光提示，甚至结合声控、光控等方式，利用光的颜色变化、频闪等形式，提示老年人快速找到药和准时吃药。另外，发光材料中的荧光材料具有品种多样、发光丰富的特点，可制成彩色图案印于包装上用于防伪，因材料本身无色或浅色，在识别时用一定波长的紫外灯光照射即可发出荧光，使包装的防伪功能得到了相当程度的提升。

(2) 增强型展示功能——夜间视觉附加值的增值功能

发光材料包装可以通过"发光"的形式，在夜间展示品牌形象，作为一种特殊包装形式吸引消费者并宣传品牌，提升品牌形象并增加附加值。如可乐公司推出的一款联名的会发光的可乐包装（图5-16），在每个标签的背后都装有柔性电路、电池及OLED，通过触摸可乐瓶上的标签，接通电路就能让OLED发光及变色。

图5-16　联名发光可乐包装

【3】增强型体验功能——趣味性功能体验

发光材料包装赋予了包装独特的功能特性，促使发光包装可以在同质化竞争的市场中提供独特的使用和互动体验，给消费者的视觉感官带来趣味、新奇、愉悦的感受，从而达到促进销售的目的。如图5-17所示，由发光纤维制成的不同长度的线状材料，其光源位于这些材料的底部。在光源的照耀下，发光纤维能展现出绚丽多彩的景象，为消费者带来愉悦的视觉体验。这种设计具有很高的趣味性，并可应用于特定场合（如宴会），以增强现场气氛。某啤酒公司推出的一款有趣的智能啤酒包装设计（图5-18）在包装内部集成了一系列电子元件，使包装的灯光能够根据人们的不同动作作出相应的变化。当两位朋友碰杯时，啤酒包装会感应到动作并同时亮起灯光；当放下啤酒瓶时，灯光会逐渐变暗并自动进入休眠状态，拿起后灯光又会重新恢复亮度；当人们高举酒杯畅饮时，包装上的LED灯会交替闪烁，从而活跃朋友间的氛围。这款智能啤酒瓶包装不仅能通过全新的交互方式使包装真正成为聚会的一部分，也为开辟发光材料包装在社交场合的应用提供了更多可能性，是目前发光材料包装中的一个典型案例。

图5-17　发光纤维

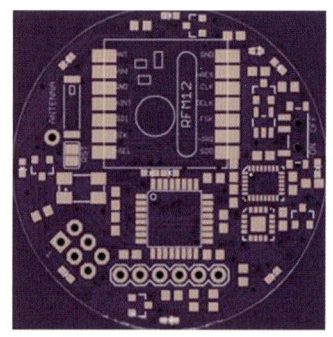
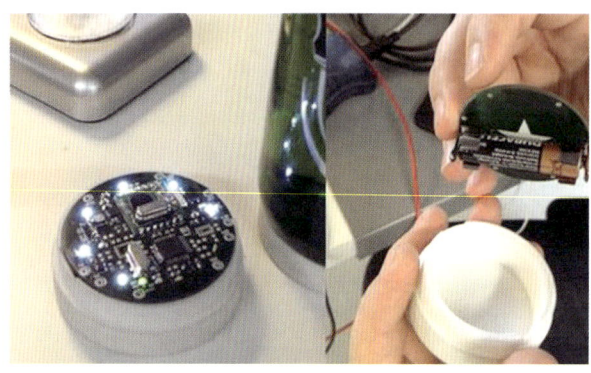

图5-18　发光啤酒瓶

(4) 增强型应急功能——特殊领域应急功能

发光材料由于其功能的特殊性，可用于军事、户外应急救援物资包装等特殊领域，解决一些特殊需求。如在灾区急救用品包装上的应用方面，由于包装具有智能发光功能，可方便求助者在夜间看到急救物品，也可作为范围性光源指示照明，这些增强型功能对户外运动或者户外生存的人来说同样重要。这种面向军事和户外等特殊用途的包装设计更需要设计师设身处地进行深入思考，才能更好地利用技术特性提供行之有效的包装设计解决方案。

5.2.3　发光材料包装的艺术形式表现方法

发光材料包装的发光形式多样，不同属性的发光材料可以带来不同的发光效果，其艺术形式的表达主要是借助光源本体的艺术化编排和设计，或者是发光源与包装材料、包装结构的巧妙结合来实现具体分为以下几种形式。

(1) 通过光源的艺术化编排实现包装艺术效果的表达

在当前的发光材料包装中，LED 灯是最常见的发光源，如图5-19所示。在艺术设计方面，LED灯被

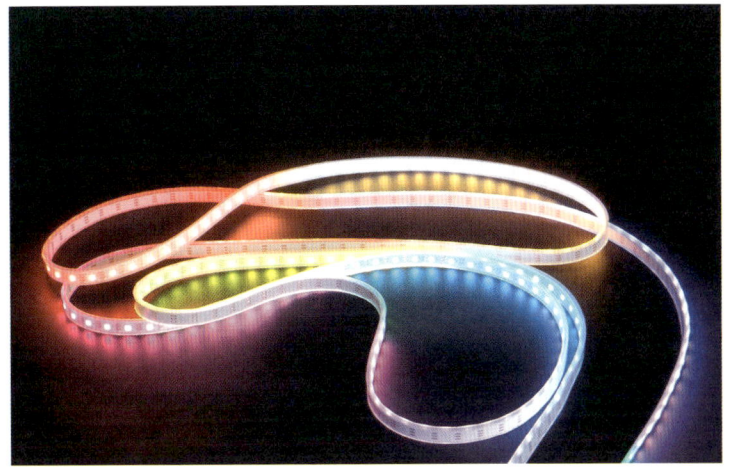

图5-19 点光源LED灯的应用效果

认为是一种具有色彩的光点。根据点的特性,可以对包装中的单个光点进行美学处理和排列,从而创造出各种形式的动态图案,营造艺术氛围,并突显艺术效果。

(2) 通过光源与包装结构的结合实现包装艺术效果的表达

上述多发光源的艺术编排,涉及的光源较多,在包装上应用成本也较高。因此,市场中也常利用单个数字光源借助包装结构,结合材料的透光性或者光、影集合的形式进行发光的艺术效果表达(图5-20)。在发光材料包装中,为了让单个数字光源能够呈现出不同的视觉效果,往往需要与包装结构形式或者材料工艺进行结合设计,使光能够通过包装结构的轮廓和材料的颜色呈现不同的图案和造型,体现包装内装物的特性。另外,在发光材料包装设计中,灯光的运用往往是与光影分不开的。光的表现形态、亮度、照射的角度以及产品材质的不同都会产生不同的艺术效果。当光源改变时,投影的形态自然也会随之改变。因此,我们可以根据包装产品的不同性质,采用不同的光影效果,根据产品包装所要表现的气氛环境,应用光影中色调的变化所产生的不同艺术效果来表现(图5-21)。

图5-20 单数字光源的发光包装　　图5-21 单光源光影发光效果

【3】通过光源与包装材料本体的结合实现包装艺术效果的表达

在发光材料包装中,将光源和透明、半透明的玻璃或塑料材料合理组合,能够形成独特的艺术表现形式。这种表现形式能够突出包装材料的材质与肌理的艺术效果,以更多元化、更生动的艺术表现形式来展示产品,从而提升产品的品牌价值与吸引力。如图5-22所示的智能发光酒瓶包装设计,其独特的发光效果来自酒瓶底部和背部的光源照射。这种照射方式使光线与瓶子中的亚光玻璃材料产生不同角度的折射,再结合装在瓶内的酒的颜色,产生极具视觉吸引力的效果。这种设计不仅关注包装材料的质感,还考虑了材料颜色与包装主体颜色的和谐搭配。

图5-22 光与材料融合实现发光效果

【4】通过自发光材料与外部光源的叠加实现包装艺术效果的表达

由于触发机制的差异,发光材料在应用上会受到一些限制,目前在包装中应用最为普遍的是荧光材料,可制成荧光油墨直接印刷在包装上。荧光油墨印制品能将紫外线短波转换为较长的可见光,来反射出不同的色彩,但这种材料往往需在黑暗的条件下才能发光,这是由它含有的特制颜料决定的。在实际生活中,荧光油墨可以应用于货币防伪印刷、医药包装防伪等,它能够与环境光、自然光等外部光源的叠加呈现出不同的艺术效果来展现包装产品。如图5-23所示,这是一款智能发光香水包装设计,其主要依靠荧光油墨材料与外部光源的结合来展现独特的艺术效果。香水瓶的外部纸盒包装同样采用了荧光油墨材

图5-23 荧光材料发光包装图示

料，在没有环境光或自然光等外部光源的情况下，香水外包装呈现银色，当香水包装暴露在光线中时，外包装的颜色便会变为玫瑰红色，并呈现出香水的商标。

5.2.4 发光材料包装的设计关键

【1】感应方式与发光时间点的设计选择

感应技术在发光材料包装中主要起对外部光源信息的接收与执行的作用。感应技术的运用，将包装与光源两者的作用关系从"间接"作用提升至"直接"作用。结合智能技术来重新把握包装与光源之间新的作用关系是设计发光材料包装的突破点。另外，对感应方式与发光时间点的精确选择也是发挥发光材料包装设计效果的关键环节。由于一天中各种环境光、自然光等光线的介入与影响，使发光材料包装中光感应方式非常不稳定。基于这一点，我们在运用发光材料的过程中，要加强对感应功能的使用方法上的一些指示性设计，并在使用感应方式的同时给予恰当的触发条件，计算出光源的最佳发光时间点并按时按点地与感应技术结合。只有这样，发光材料包装才能以最佳状态释放自身最大的艺术魅力，从而将包装或产品以最佳状态展示给消费者和观众。

【2】发光材料包装的艺术表现形式与包装销售、使用环境的巧妙结合

智能发光包装设计完成后，其最终目的是在市场上销售。在销售过程中，发光材料包装的独特设计直观展现出来的艺术效果是目前市场上传统包装不可比拟的，其多样的艺术表现形式更是令人印象深刻。商家可以利用发光材料包装的功能特性来宣传商品，吸引消费者的关注，增加产品销量。其次，发光材料包装的艺术表现形式在展现其艺术效果时应与使用环境相互协调，发光材料包装必须处在适用的环境，以最佳状态，才能展现契合产品主题的艺术效果。此外，产品包装种类繁多，但并不是所有的产品包装都适合使用发光材料包装技术，应根据其自身的特性和功能选择是否采用。

【3】发光材料包装在发光与不发光双重环境下的适应性

发光材料包装作为一种特殊的包装形式，具有在不同环境下产生不同视觉传达效果的特殊功能。应该注意的是，该包装形式不仅要在发光的状态下呈现其艺术特色，还应该在不发光的状态下同样实现其包装本体的视觉传达功能。环境不同，发光材料包装所呈现的发光状态也应有所区别，既可以在无使用状态下节约资源，又可以在需要时"高调亮相"。因此，虽然发光材料包装中不同的艺术表现形式使产品包装以丰富多样、绚丽多彩的艺术效果展现在大众面前，但是在设计发光材料包装时，设计者还是要在发光材料包装所呈现的艺术效果的基础上，注意到在未发光或无须发光的环境下，发光材料应具有的装饰效果及视觉传达功能。

5.3 水溶材料包装设计

水溶材料又称水溶性高分子化合物或水溶性聚合物，具有很强的亲水性，能溶解或溶胀于水中形成水溶液或分散体系。在不同离子度、酸碱度、温度等因素的作用下，其呈现出的水溶性能也不同，因此，可以通过调节外部条件，对材料的水溶速度进行调控。而且，部分水溶材料具有环保可降解的功能，可以减少由包装废弃带来的污染，这些特性使其逐渐成为未来包装行业的热门材料之一。

5.3.1 水溶材料包装的概念及原理

水溶材料包装的智能特征主要依托水溶材料本身的水溶特性或结合其他相关材料来实现的。水溶材料在水的作用下会发生相应的变化，变化过程也会受温度因素的影响。因此，利用水和温度因素，可以有针对性地对水溶材料包装的行为进行调控。水溶材料包装具体是指在包装中应用水溶材料，通过对外界条件的控制，使包装本体具备某些智能的特征，以代替人在包装使用过程中的部分行为步骤，进而实现一些特殊的功能，如产品的定量使用、防伪等功能，提高产品的使用效率等。

5.3.2 水溶材料包装的特殊功能

可应用于包装领域的水溶材料主要包括：水溶性薄膜材料、水性油墨材料、水溶性线材、水溶性纸材和其他水溶材料。水溶材料在日化用品、农用物资、医疗用品等领域具有良好的应用前景。其具体应用如下。

(1) 定量投放

水溶材料包装的定量投放功能是利用水溶材料自身可溶于水的特性，根据产品特定的使用环境和使用者对产品使用量的需求，将包装设计成单次使用的样式，以减少包装操作频率，从而提高产品的使用效率或减少产品使用过程中的浪费。如使用水溶性薄膜材料制作的专为机洗设计的定量洗衣液包装（图5-24），在常温干燥的环境中，包装不会溶解或渗透，其额定容量足以清洗一桶衣物。当包装遇水时，它会立即溶解且无残留，从而解决了机洗

图5-24 定量型洗衣液包装

过程中洗衣液投放量的问题，避免了日常机洗中洗衣液的浪费。此外，可以根据不同家庭人口数量量身定制这种定量水溶性洗衣液薄膜包装，以满足不同消费者的洗衣需求。

另外，水溶性材料还可应用于农业物资的包装，有助于提升农田产量、绿化造林和沙漠治理，提升种子的种植效果与成活率，同时降低农药在使用过程中对环境的影响（图5-25）。这种包装主要面向一些无法进行机械化大规模播种的蔬菜和花卉种子，如洋葱、胡萝卜、花草种子以及其他植物种子等。将水溶性材料制成具有预定间距的种子包装带，解决了这类种子在大面积种植时存在的低效率和耗时费力的问题。将这种种子包装带铺设在地面上，覆盖以土壤，当雨水或湿气使水溶性薄膜包装带溶解后，种子吸收土壤中的养分发芽生长，从而提高播种的效率和准确性。在种子带的设计上，可以根据不同种子的生长需要定制间距，即最佳的生长空间，省去了以后间苗的时间。另外，还可以在水溶包装中置入农药和营养素等，使其成为包装的一部分，可以促进农作物的生长发育，也提升了包装的使用价值。

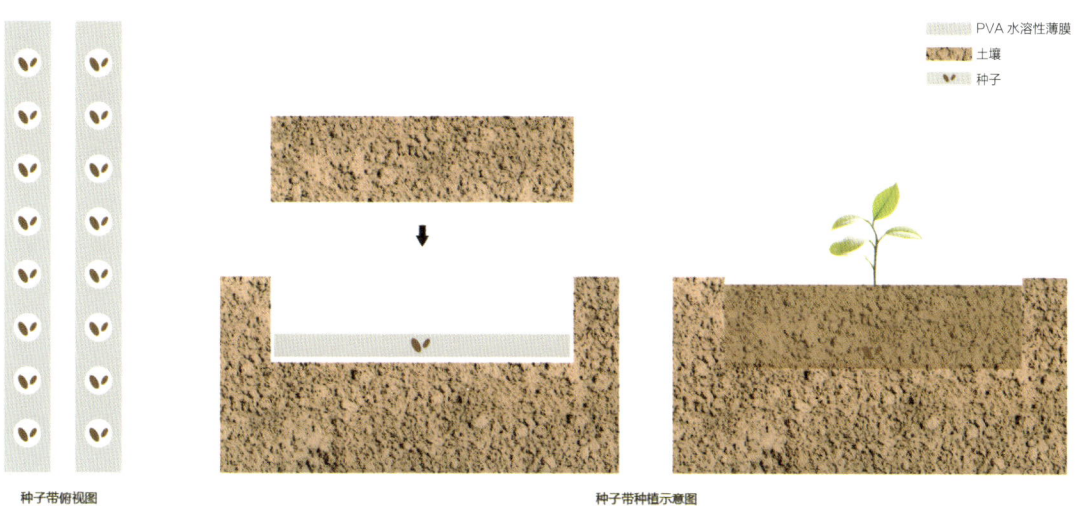

图5-25　PVA水溶性薄膜种子带种植示意图

(2) 隔离防护

生活中有些化合物因其化学特性容易在水中溶解，对人体健康造成危害，因此可利用水溶材料制成一次性包装以解决上述问题。我们日常使用的固体马桶清洁剂蓝泡泡的包装，采用的就是水溶材料（图5-26）。马桶清洁剂本身具有刺激性，会对皮肤造成伤害，因此，要避免小孩接触以及在潮湿环境下直接接触产品。在应用水溶性薄膜材料包装后，使用时可直接将带有水溶性薄膜的固体清洁剂放置于厕所水箱中，外包装会快速在水中发生溶解，既

图5-26　水溶蓝泡泡包装

避免了清洁剂与使用者皮肤的直接接触，使用上也非常的便捷。水溶材料包装还可应用于农药包装的设计，将其制成内包装衬袋，使用时直接将农药带着衬袋投入喷雾器中，用来代替传统农药包装使用，可以避免人体直接接触农药产品和减少刺激性气味的吸入，对人身安全具有一定的保护作用，并解决了传统包装农药残留以及包装废弃物丢弃的难题。

(3) 趣味体验

来自英国的可食用水包装设计很好地诠释了水溶材料包装趣味体验的概念（图5-27）。该可食用水包装采用双层薄膜设计，在食用时可以揭开最外层，只食用内部干净的部分，外层包装可直接丢弃并会自行降解。这种包装为消费者开创了一种新的饮用体验模式，让消费者在饮水过程中体会到不一样的乐趣，同时为水溶材料在包装的应用形式上做了大胆的设想和尝试，也为未来水溶材料在包装上的应用设计提供了更多思路。

图5-27　可食用水包装

(4) 智能防伪

随着印刷电子技术的发展，柔性印刷电路在未来的智能包装中将扮演重要的角色，其中应用的水性油墨因具有良好的环保属性受到越来越多的关注。水性导电油墨在保持优异导电性能的同时，也能在不同的基材上呈现出良好的附着力，如PET、纸和织物等，非常适用于制作柔性电极或者传感器，辅助实现产品的智能防伪功能。此外，水溶材料还可以与其他材料进行融合，实现包装防伪的功能。如将水性油墨与隐形荧光油墨相结合，制备出一种可用紫外灯照射显形的隐形水性荧光油墨颜料，在药品、化妆品等领域的印刷防伪中有着潜在的应用前景（图5-28）。

　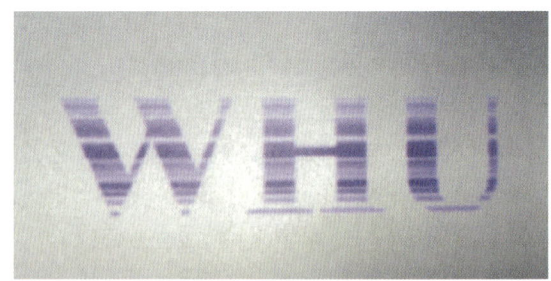

（a）紫外灯照射前　　　　　　　　　　　　　　（b）紫外灯照射后

图5-28　水性防伪荧光油墨

(5) 便于回收

水溶材料包装在一些领域的应用能够有效缩短回收的工艺流程，使包装的回收变得简单、快捷。例如，用水溶材料制成酒瓶标签可以有效地解决酒瓶回收时标签难以清除的问题，水溶性标签在酒瓶标签上的使用代替了传统铝箔纸、铜版纸或者书写纸印刷而成的标签。如国外一家公司研发的水溶性纸材与水性油墨材料结合制成的标签，在回收时用水进行冲洗就可以完全清除标签以及上面印刷的内容，且对环境无污染，简化了清除标签的步骤，方便酒瓶回收灌装，是一种理想的包装标签，可应用于食品、药品、奢侈品、红酒等包装上。

5.3.3　水溶材料包装的设计原则与关键

在应用水溶材料进行包装设计时需要满足诸多条件，如安全性、耐用性、便捷性、环境适应性以及使用人群的接受程度等，这些都对水溶材料的包装设计提出了较高的要求。因此，在水溶材料包装的设计过程中，要着重把握以下原则。

(1) 材料选用的适用性原则

水溶材料种类繁多，不同水溶材料的水溶条件受到温度、压强、酸碱性等多种因素影响，因此水溶包装材料在选择时要充分考虑所储存物品的包装需求。首先，要充分掌握材料本身所具备的特性和反应原理（如前面提到的水性油墨、水溶性薄膜），并以此为依据选择合适的包装应用领域；其次，要重点分析水溶包装材料与内装物之间的关系，从而确保选择水溶包装材料的适用性。如作为刺激性产品包装时，应根据人的行为习惯，在包装使用过程的设计上避免产品与人的直接接触。

(2) 材料应用的巧妙性原则

水溶材料在包装上的应用形式和功能效果，主要从包装的智能性和安全性这两方面来探讨。在智能性方面，需要考虑的是各种水溶材料如何与包装设计结合，才能更好实现其水溶特性，并在不影响产品使用质量的前提下提升包装的使用体验。这就需要从各类产品自身属性、各类人群的使用习惯出发，对使用人群的操作方式进行拆解，从中挖掘出可以用水溶材料包装解决的问题并找到合适的水溶材料进行设计。在安全性方面，由于水溶材料的特性，包装在运输及存储过程中遇到水或潮湿的环境会发生溶解，如果保存不当，会造成包装破损，甚至会影响到商品安全。因此，在对水溶材料进行包装设计时，应详尽地分析包装在生产、运输、储存、使用等各个环节所面临的潜在性影响因素，以保护商品的安全。除此之外，在应用水溶材料进行包装设计时要充分考虑包装物与被包装物的关系，避免水溶材料与内包装物发生接触反应。

(3) 视觉展示的艺术性原则

较之传统包装，水溶材料的出现和应用使包装形式更趋于多样化。水溶材料包装侧重于功能效果的实现，对于消费者而言，不同的思想意识和审美情趣会影响其消费行为，好的包装不能局限于包装的使用功能，还要满足人们精神方面的需要。消费者除了关注产品的质量，还期望产品具有好的视觉、触觉效果等审美情趣。水溶材料的设计和应用本身就是一个溶解的动态过程，如果能在这个动态过程，实现包装功能的同时，巧妙地搭配恰当的颜色和图案，可以更好地提高包装的亲和力，帮助产品在市场竞争中脱颖而出。

5.4 活性包装设计

随着人们的生活水平和健康意识的不断提高，市场迫切要求食品包装在食品安全保护、包装保鲜、风味、方便食用方面不能只发挥被动的作用，而是逐渐进行主动、积极地干预和保护。活性包装系统应运而生，在保持或延长食品货架期、监测食品质量及保护食品安全等方面提供了许多创新性的解决方案。

5.4.1 活性包装的概念

活性材料是指在材料中加入一些活性组分，并在特定的条件（如环境的温度、pH、湿度等）下，可以有计划地吸收或释放特定的气体或物质，有效改善包装的内部环境，以保护和延长食品的货架期，保持食品的质量和风味。这类应用活性材料的包装称为活性材料包装，也可称为活性包装。目前活性包装多应用于生鲜食品、医药、果蔬及日用品等领域，具有延长食品货架期、保障生鲜活物跨地运输，以及减少对人体带来的潜在性生物危害等功能。

5.4.2 活性包装的类型及原理

活性包装系统根据其功能特性可分为吸收型系统和释放型系统，吸收型系统包括氧气去除型、乙烯去除型、二氧化碳清除型、水分吸收型、异味清除型等类型，释放型系统包括二氧化碳产生型、抗菌型、乙烯产生型等类型。

(1) 吸收型活性包装系统

吸收型活性包装系统，是在包装中应用一些特殊材料吸收包装内部的某些物质，避免这些物质对包装内装物造成不良影响。吸收型包装系统一般具有以下几类。

①氧气去除型包装

传统的高阻隔包装材料很难提供绝对的低氧保存环境，为了更好地延长食品的保质保鲜时间，人们开始探索在包装上添加具有氧气吸收功能的材料来清除包装内的氧气，这类包装称为氧气去除型包装。氧气去除型包装主要依托除氧剂实现其功能，包含无机除氧剂和有机除氧剂。常见的无机除氧剂有铁系除氧剂、加氢催化剂型除氧剂、亚硫酸盐系除氧剂等，尤其铁系除氧剂，因其具有原料来源广泛、去氧效果好、成本低等优势，在市场上应用最为广泛。日本一家公司推出了一种内贴式除氧产品，采用的是二价铁类除氧剂，操作非常的便捷，将该除氧剂内贴或放置在包装内侧即可，且对包装环境要求也不苛刻，在潮湿或干燥的环境下均具有良好的除氧效果。

②乙烯去除型包装

乙烯是一种对果实成熟具有促进作用的植物激素，在成熟前大量合成，也被认为是促成熟激素。由于成熟的果实能够释放乙烯，会加快果实的成熟和衰老，不能稳定保持新鲜果蔬的质量和口感，因此给新鲜果蔬的长途运输和储存带来了很大的不便。为有效地延长新鲜果蔬的保存时间，应尽可能地将果蔬包装中产生的乙烯气体除去，以延缓果蔬成熟、衰败的速度。乙烯去除型包装主要有以下两种，一是在果蔬包装中使用高透气率的包装材料，加快外界环境与包装内部环境的气体交换，从而稀释包装内部的乙烯气体；二是将乙烯去除剂制成小包装或将其混入包装材料中，通过化学反应吸收包装内部的乙烯气体，主要成分包括高锰酸钾、沸石、方石英以及部分碳酸盐等。由奥地利一家公司生产的添加剂，其原理就是在聚乙烯薄膜中加入沸石，使其成为薄膜的一部分，在实际使用过程中具有良好的除乙烯效果，并获得了美国食品药品监督管理局和德国官方颁发的食品认证。

③二氧化碳清除型包装

二氧化碳是一种常见的温室气体，也是植物有氧呼吸作用产生的气体，其在食品的保鲜过程中具有两面性。适当浓度的二氧化碳对包装中的微生物生长和植物的有氧呼吸具有抑制作用，进而延缓水果的成熟周期和减缓肉禽类腐坏的速度，但是过高浓度的二氧化碳会加速水果进入糖酵解，导致水果的品质下降。目前市场中常见的二氧化碳吸收剂有氢氧化钙和铁粉，在湿度足够的条件下，二氧化碳吸收剂会与二氧化碳反应生成碳酸钙，可以有效去除包装中的二氧化碳。此外，氧化钙和硅胶等材料也具有除去二氧化碳的功能。如Fresh Lock®包装，兼具除氧气及除二氧化碳的功能，已被成功用于咖啡的包装。法国一家公司也推出了一种二氧化碳去除型包装，因水蒸气能够在使用过程中激活二氧化碳吸收剂，所以这种包装更加适宜在潮湿的环境下使用。

④水分吸收型包装

包装内部的水分含量过多会造成一些食品发生变软和结块现象，如薯片、饼干、奶粉、速溶咖啡等。处理方式一般是在包装中加入小包的干燥剂，常见的干燥剂成分如白土、氧化钙、蒙脱石等，这类干燥剂原料易得且使用方法简便，因此，水分吸收型包装进入市场较早，应用领域也非常广泛。除此之外，研究人员还研发出了一种具有吸水功能的包装薄膜，主要的原料是丙二醇，制备方法是将丙二醇材料置入到两层聚乙烯醇薄膜中间，并将夹层的边缘密封起来，形成一个密闭的薄膜，然后用于包装新鲜的肉类和鱼类等。薄膜可以吸收因呼吸作用产生的水分，破坏微生物的有利生长环境并减缓肉类等的腐坏速度，使肉类储运的保存期限能够得到有效延长。

⑤异味清除型包装

对水产品而言，在转运过程中特别容易产生异味，严重影响其品质和口感，究其原因，是水产品自身在进行正常的新陈代谢或者部分腐烂后会产生一些有异味的物质，如硫化氢、胺、醛等。同时，用于水产品运输的包装环境一般都较为封闭，这些有异味的气体会聚集在包装内部无法散去，进一步影响了产品品质。因此，为了保持产品的质量安全，清除包装内的异味就显得尤为重要。异味清除型包装一般是针对产生异味的不同物质，相应采用不同的异味清除剂，如亚铁盐、有机酸等。日本一家公司就利用亚铁盐研发出一种异味清除包装，可以消除海鲜类产品在流通过程中因腐败所产生的臭味，具有良好的除异味效果。

（2）释放型活性包装系统

释放型活性包装系统主要有以下几种类型。

①二氧化碳产生型包装

二氧化碳是一种具有抑菌作用的酸性气体，对于肉类、奶类以及一些耐受二氧化碳能力较高的水果，高浓度的二氧化碳会抑制细菌的生长，可以有效延长其货架期。Norwegian等人就研发了一种二氧化碳生产器，这种生产器是利用鱼片中的水分进行反应生成二氧化碳，首先将鱼片放置于包装中，生产器可以吸收鱼片中的水分来释放二氧化碳，既能吸收挥发的水分，又能对鱼片起到抑菌效果。此外，二氧化碳产生型包装还可以与氧气去除型包装协同使用，因为氧气去除型包装在使用时容易发生塌陷，影响包装内装物的形态与美观性，而利用一些特殊材料在吸收氧气的同时释放出二氧化碳气体，既能达到对于产品的保护效果，又能保持包装形态的完整。如法国一家公司研发的用于新鲜肉制品保藏的活性包装，该包装托盘下方穿有小孔，托盘上方放置一个已经穿孔的小袋，小袋内部盛放的是可以产生二氧化碳的抗坏血酸盐和碳酸氢钠，当肉分泌出大量液体时，小袋内容物既能用于吸收包装内氧气，又能产生二氧化碳，保持整个包装形态不发生明显变化。

②抗菌型包装

由于食品的特殊性与安全性要求，对包装存储环境极其敏感，包装内微生物的滋生也容易引发消费者食源性疾患，因此食品包装的抗菌性尤为重要。在食品包装中，微生物的产生与扩散是包装内部环境因素共同作用的结果，因此，抑制微生物生长的根源需要从改善包装内部环境开始。如在包装中添加一种或多种具有抗、杀菌的活性组分，如乙醇、壳聚糖、金属离子、动植物精油、生物抑菌制剂等，可以在一定程度上抑制或杀死食品包装内的微生物，延长食品的保质期限，同时提高食品的安全性。需要注意的是，一些具有抗菌功能的活性指示剂的过度使用也会给人身带来安全隐患，应根据材料的特点适度适量使用。

③乙烯产生型包装

因为适当的乙烯浓度可以对果实进行催熟，所以乙烯产生型包装是通过乙烯发生剂向包装内释放乙烯以加快果实成熟的速度。乙烯发生剂是指能够产生乙烯的激素类物质（如乙烯利），这种物质在植物吸收后，可以向外释放乙烯催熟果实，在微酸性环境下其作用能力最强。

5.4.3 活性包装应用的功能价值

活性包装的重要功能就是通过控制包装内部环境的稳定，来保护商品在储运过程中的质量安全，其在食品领域的应用价值更为突出。在实际应用中，活性包装主要起到以下三种效果。

（1）延长食品保质保鲜期限

食品的保质保鲜一般是通过使用添加剂来实现的，由于食品领域所包含的种类众多，一些食品的保质保鲜不能仅通过加入添加剂解决，而且过量的添加剂使用也会影响人的身体健康。当前活性包装的应用与实践在食品领域已经产生了良好的效果，如抗菌包装、乙烯去除型包装等已经得到了广泛应用，为解决食品安全问题，延长食品的保质期提供了良好的解决方案，同时也受到了广大企业和消费者的关注。

（2）为生鲜活物跨地运输提供安全保障

对一些肉制品和水果而言，由于跨地运输时间长且空间相对封闭，包装内部易产生细菌、有害气体等。相关数据表明，果蔬生鲜等农产品的流通损耗率一直处于较高水平，而活性包装系统的发展，可以在一定程度上为生鲜跨地运输提供安全保障。活性包装系统可对包装内部环境的氧气、二氧化碳、乙烯、水分等成分进行控制，通过吸收或者释放的形式维持包装内部环境气体成分含量的稳定，给生鲜活物的呼吸提供最佳气体比例，从而对跨地长途运输的生鲜活物起到安全保障的效果。

（3）减轻对人体带来的潜在性生物危害

细菌性污染是导致食品安全问题的主要因素之一。抗菌活性包装的应用，使包装在抗菌抑菌杀菌方面具备良好的效果，有效地抑制了包装内部细菌的滋生，减少了食品对人体造成潜在性生物危害的概率。特别是针对一些免疫力较弱的人群，如儿童、老人、病人等，抗菌型包装能够为其提供更为安全的饮食保障。

第6章
结构智能包装设计

6.1 按压式结构包装设计
6.1.1 按压式结构包装的概念及特点
6.1.2 按压式结构包装的原理与类别
6.1.3 按压式结构包装的设计环节与关键问题

6.2 计量式结构包装设计
6.2.1 计量式结构包装的概念及特点
6.2.2 计量式结构包装的类型及功能
6.2.3 计量式结构包装的设计方法与原则

6.3 障碍式结构包装设计
6.3.1 障碍式结构智能包装的概念及特点
6.3.2 障碍式结构智能包装的形式与应用
6.3.3 障碍式结构智能包装的设计关键

6.4 结构驱动式包装设计
6.4.1 结构驱动式包装的概念及特点
6.4.2 结构驱动式包装的形式与应用
6.4.3 结构驱动式包装的设计关键

6.1 按压式结构包装设计

按压的操作方式实际上是来源于人们的行为习惯和使用需求,其目的是使操作过程更加方便与快捷。按压式结构智能包装通过按压的形式驱动内部相关结构来实现内容物的直接获取或使用,简化了操作步骤,提升了使用效率,是一种初级的机械式智能包装形式。

6.1.1 按压式结构包装的概念及特点

按压式结构包装是指通过按压装置来实现结构内部空间的能量变化,利用产生的压力或弹力实现包装的开启或包装内容物获取的一种便捷型、人性化的包装形式。按压式结构包装是机械结构智能包装的代表形式,机械结构智能包装是利用机械原理来实现某种包装功能的较为基础的智能形式。按压式结构包装主要存在三方面的智能特点:首先是易操作性,操作上更加贴合人们的使用习惯与行为方式,方便人们进行包装的开启与操作;其次是定量式获取,可以通过按压的方式直接获取定量的内容物,有效地避免了资源浪费;最后是可选择性的获取不同形态的内容物,通过改变局部的结构设计来实现获取内容物形态的多样性,例如某些洗面奶的包装,改变其获取的结构设计,产生更易于人们使用的泡沫状产品。

6.1.2 按压式结构包装的原理与类别

按压式结构包装根据其按压原理的不同而产生不同的功能效果与形式类别,其中与弹力和压力的结合是主要的设计表现形式。

【1】按压+弹力

弹力是指物体在发生形变时所产生的使其自动恢复原状的作用力,而按压的操作方式可以有效地向内部的弹性结构施加驱动力,从而积累弹性能量以达到开启包装和获取内容物的目的。通过按压与弹力的结合,可以形成按压开启式和按压获取式两种包装类别。

①按压开启式

按压开启式的结构包装是通过使用者按动指示按钮,使内部的弹性结构发生形变来产生弹力实现包装的直接开启。此类形式的包装在生活中应用广泛,例如图6-1为某气垫粉底包装,用户通过按压盒子下方的指示按钮,使内部连接的卡扣发生位移,开启包装后再利用弹力恢复原有的结构状态,从而实现包装的持续使用。如图6-2所示的水杯包装通过旋转按压指示按钮,利用内部结构的弹性能力来开启包装,并可以在合盖时自动回弹至防误触状态,从而保持包装的持续开启能力。按压开启式结构包装因为其简单的操作性以及良好的持续开启能力常被应用于日常生活中的小物件包装，一些高档物品或大件货物的使用时常会增加辅助的锁扣设计来降低易开启后带来的安全隐患。

②按压获取式

按压获取式的结构包装是通过使用者按压指示区，利用内部的弹性结构和导出装置来实现直接获取内容物的包装形式。按压获取式的结构包装可以定量地取用内容物，但是与可计量式包装不同，此类包装只能机械地定量取用，换言之，取用的内容物数量早已设定完毕，不能根据人为需求来调整获取量，若想超量取用只能通过多次按压获取。如图6-3所示的小牛牙签盒包装，使用者按压"牛背"上的按钮，牙签就会从尾部出口弹出。此类包装看似简单，但是因为其俏皮的外观造型以及按压获取结构的方便性使人们能获得更愉悦的体验。图6-4是一款单手按压的皂液包装，此种类型包装利用了挤出结构可直接获取产品的特性，创新点在于采用C形的泵头设计，当用户用手背按压C形泵底部时，液体皂就会从顶部挤出，包装的使用体验更加便捷、高效。按压获取式结构包装主要应用于生活中的需要定量取出一些产品的包装。

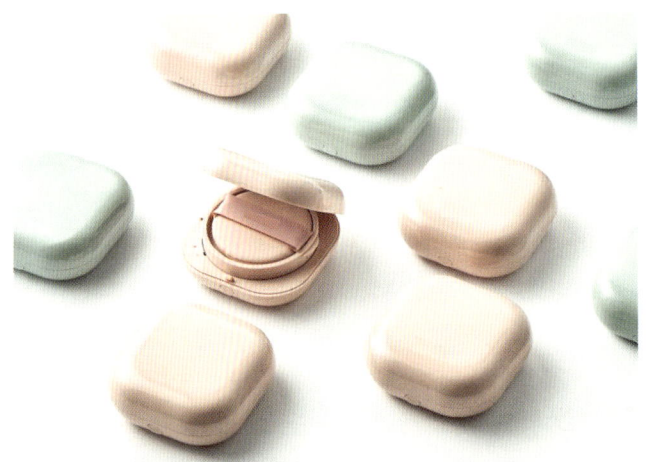

图6-1　气垫粉底包装

图6-2　水杯按压结构

图6-3　牙签包装

图6-4　包装按压式结构

2 按压+压强

压强原理在包装开启结构设计中较为常见，主要是指利用按压的操作方式向密闭的结构中施加压力来产生内外空间的压力差，从而利用导出装置实现获取内容物的目的。按压与压强的结合，在改变导出装置的结构设计时可以表现出具有不同功能的包装形式，主要表现为喷雾式和挤出式两种。

① 喷雾式

喷雾式包装最早是来源于气溶胶产品的使用，通过按压的方式来改变内部和外部的压力差，利用不同的阀门结构使内容物产生不同状态以满足用户的不同需求。阀门的特殊结构可以使内容物生成细微的固体或细小的液体质点，并能保证这些液体质

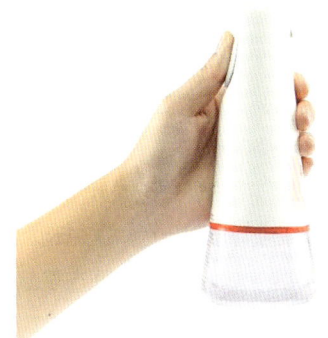

图6-5　消毒剂包装

点长时间地存留于空气中来满足用户需要。如图6-5所示某消毒剂包装，按压喷雾式的结构包装可以更均匀地喷射到需要清洁的各个角落，同时瓶身及按压方式为使用者提供了非常舒适和良好的抓握感。

② 挤出式

挤出式包装的设计原理与喷雾式相似，但是在局部结构的设计上有所不同。挤出式包装是利用不同的导出装置和挤出口来挤出内容物，其中导出装置主要包括导管和泵头，挤出口可通过改变内部筛孔（图6-6）的密度与大小来改变内容物的取出形态。图6-7是某洗浴护理产品的包装，此种类型的包装利用了挤出结构可直接获取产品的特性，创新点在于与包装融为一体的吸盘系统可以快速且直观地将其放置在沐浴间最方便的位置，稳固的状态更便于取用及加量。

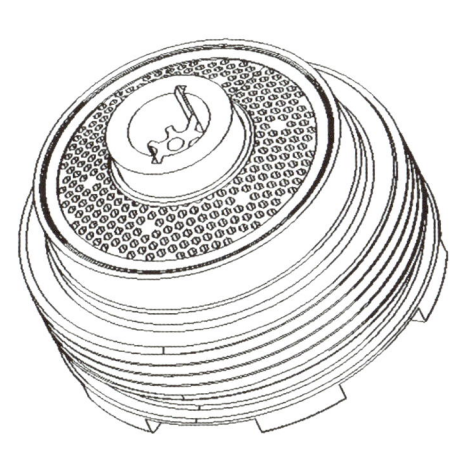

图6-6　筛孔结构

图6-7　洗浴护理产品包装

6.1.3 按压式结构包装的设计环节与关键问题

按压的操作方式由于其适用的普遍性和便捷性已经得到大众的广泛认可,市面上也存在较多的按压结构的包装形式,但是目前仍存在功能性不足和创新性不强等问题,这就需要对按压结构包装的设计环节与关键问题进行充分的认识和改进。

【1】按压需求的调研与分析

对需求的调研与分析是设计过程的必要环节,有助于找准包装的功能定位和确定其主要的表现形式,从而更好地进行创新设计。其中,找准适合按压需求的领域或者人群是关键,可从以下三个方面进行分析:一是对具体包装内容物的属性进行分析。包装的内容物属性主要分为物理属性、化学属性和社会属性。其中物理属性主要指物质不通过发生化学变化所表现出来的物质本身的性质,如内装物的颜色、状态、味道、挥发性、延展性等自身所呈现出来的特性,而作为包装的内装物常表现为固体、液体和气体状态;化学特性主要是指物质在化学变化中表现出来的性质,如酸性、碱性、氧化性、还原性等;社会性指被包装物的商品性质以及各自的产品属性。特性不同的包装内容物对包装开启方式或者开启装置的设计有着不同的要求。二是对使用人群甚至一些特殊人群的使用习惯以及心理需求进行分析。特殊人群主要包括老年人群、低龄儿童以及一些残障人士,这些特殊群体因为身体机能、行为能力受限以及一些特殊情况,难以轻易地使用包装,其中,针对儿童的包装还要额外加入一些防护设计以免造成误食危险品的安全隐患。三是对于包装的使用环境进行分析,根据不同的使用环境来改变包装的形式进而实现人群的便捷使用。

【2】按压形式的设定与表现

按压形式的设定与表现主要分为两步:首先找准需求,再次是根据需求设计具体表现形式。其中,按压形式主要从以下三个方面来具体设计:一是针对颗粒状或者规则几何形体的固体内容物,这一类产品在使用时多选择按压获取式的表现形式,因为其产品本身体积较小,并且数量较多,可以选择按压与弹力相结合的形式来定量地提供给用户使用,避免多次拿取的烦琐;二是针对液体状态的包装内容物,可以选择利用按压与压力结合的形式,利用内外压力差与导出结构来挤出或喷射出特定内容物;三是针对混合状态的包装内容物,可以选择按压与压力结合的形式来取出产品,但是混合状态的内容物常具有黏性和伴有特殊的化学性质,所以在设计使用过程中要注意采用增压或者定量方式来增加设计的实用性。

【3】按压结构的选择与设计

结构是实现功能的基础与前提,按压功能的表现形式也是由按压结构的设计来具体实施的。其中,按压结构主要分为两个方面,一方面是按压内部的驱动功能结构设计;另一方面是按压外部的操控形式结构设计。

①按压内部的驱动功能结构设计

按压内部的驱动功能结构是指能够利用按压驱动的额外作用力来实现包装开启或者内容物获取的功能结构。内部结构主要依靠按压驱动与压力和弹力的结合来实现相应的功能,其中主要分为两种表现形式:第一种是利用按压驱动来促使包装内部的弹性结构发生形变,以此松懈相应的卡扣设计来开启包装。内部的弹性结构通常是某种按压杆或者机械纤维等具有可恢复能力的组织结构。第二种是利用按压驱动来改变内部结构的压力差,并由相应的导出结构来吸出内容物。此种形式的内部结构在设计时应保证空间的密闭性,并且因为导出结构连接的挤出口的不同可以产生不同的作用形式。

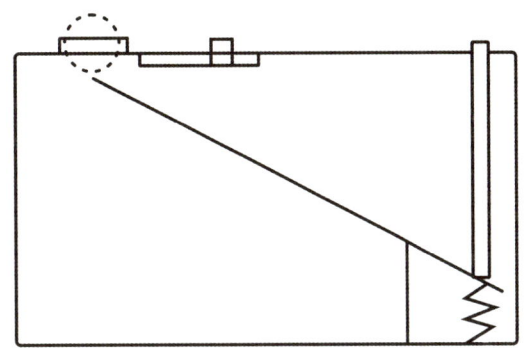

图6-8 按压式包装结构

图6-8是一种按压式棉球的消毒盒包装设计,此种结构设计是利用按压驱动与弹力的结合来实现包装的开启。在盒体上方设有保护盖,而保护盖的下部设有出口挡板,并且在盒体内部设有压板和支杆,支杆固定在盒体的底部。按杆位于盒体内部压板的上方,压板另一端下方设有压缩弹簧。用户按压按杆,产生的压力使底部的弹簧压缩触动压板,在打开出口的同时即可获取棉球。

②按压外部的操控形式结构设计

按压外部的操控形式结构是作为连接内部功能结构的激活点,用户通过外部的操控形式来触发内部的结构以更好地实现其特殊功能。外部的操控形式结构主要包括按压的操作形式和包装内容物的获取形式两个方面。其中按压形式从使用人群的行为习惯来考虑,具体可以通过几何型、流线型等贴近人体工程学的形式来改变其按压操作习惯,例如图6-7中的洗浴护理产品包装。包装内容物的获取形式主要指按压与压力结合的挤出口结构设计,挤出口结构是根据使用者和产品属性来具体设计的,例如对于沐浴露或者洗发水的包装,这类包装结构的挤出口往往设置较大,更方便人们的取用,而对于慕斯泡沫状的洗面奶包装,则需要在挤出口结构中添加筛网孔结构,筛网孔密度越大其挤出的洗面奶泡沫越细致、丰富。

(4) 按压系统的引导与指示

按压系统包装按压的驱动形式和外部的操控形式两方面的内容,通过合理的引导与指示设计来向使用者传达使用意图和操作方式,这个过程与使用者的参与密切相关,是包装人性化表现的要素之一。按压系统的引导与指示实际是指包装开启的指示设计,利用简洁的图形符号和色块以及适当的文字说明来传达包装开启使用流程的辅助性设计。包装开启的指示设计不仅保护了产品,方便了消费者,同时也向消费者传达了一种新的产品使用方式和体验,让消费者在尚未真正使用产品之前就对包装提供的体验方式和体验流程有了认识和了解,激发消费者尝试的兴趣,是消费者与包装沟通和互动的桥梁。科学合理的包装指示设计,往往在包装的开启位置有明确醒目的开始指示箭头或文字提醒,或在开启位置具有暗示性的结构处理。比较复杂的开启方式在包装的某一立面还应有简洁的示意图和文字说明,让消费者在操作流程的引导下,方便正确地使用产品。现在市面上很多弹跳盖保温杯,在杯盖的弹簧卡扣设计处都会有"push"的字样或是有一个凸起的点提示使用者按压此处打开杯盖。

6.2 计量式结构包装设计

6.2.1 计量式结构包装的概念及特点

计量式包装是指在包装的使用过程中,利用包装中某一特殊结构作为计量器具,可量取被包装物已知、固定的量,满足人们合理用量需求的一类包装形式。计量式包装作为一种结构智能包装形式,其自身的优势特点具体表现在以下三个方面:一是这种包装既能有效预防不合理用量导致的健康隐患、保障消费者的使用安全,又能提供一种更加人性化的连贯舒适的使用体验;二是可计量包装对于合理安全用量的需求,可通过包装本身直接完成量值过程,而不再需要借助专门的计量产品或工具来解决,具有一定的准确性与便捷性;三是计量包装能够通过结构装置实现包装的管控功能,实现包装使用环节的高效性与快捷性能。

6.2.2 计量式结构包装的类型及功能

现有的可计量式包装不仅只单纯地解决用量多少的问题,相比计量工具,更能鲜明地体现包装功能的多样性。在可计量功能的基础之上,根据其量值设置的不同目的,可计量式包装分为以下几类。

(1) 建议型计量式包装

建议型计量式包装是指针对产品的单次使用量,将计量值设置为一个符合该产品的科学合理的建议用量,供人们参考使用。这种包装形式特别适用于初入社会的年轻人群体用品包装。例如,在烹饪意面时,煮熟后意面受热膨胀,分量与未煮过的意面的分量不相等,尤其是对无烹饪经验的使用者来说,在取量多少的问题上比较麻烦。为解决这一问题,日本一家公司设计的意面包装在包装容器的顶部开口处设有两个大小不等的圆形开口(图6-9),分别为一人份和两人份计量器。在使用过程中可根据实际需要转动灰色部分,旋转至所需量的开口倾倒出意面即可。除了通过包装结构设计实现的可计量使用方式外,还可以将互联网大数据与手机客户端的技术融入计量设计,增强便捷的使

图6-9 意面包装

用感受。针对大部分年轻白领群体工作时间长,缺乏煮饭经验和时间,不清楚米和水的用量问题,可通过一整套智能自动煮饭系统来提供一种新的生活方式和解决方案。系统首先包含智能计量大米包装,由优质不锈钢材质和ABS树脂材料构成,整体呈桶装,底部有一出米口,可直接安装在与之配套的电饭锅上,通过手机终端的配套App设置用餐人数,包装接受数据信息后可自动调配用米量直接输送至电饭锅,同时加入直饮水,启动电饭锅自动煮饭。使用者无需手动准备远程操作即可,在提高效率的同时,也省时省心。

(2) 提示型计量式包装

提示型计量式包装即利用包装上一定范围内标记的单位数值,对用量多少做出说明与提醒,方便用户快速了解取量的信息。采用提示型计量包装形式的产品,取量过程相对自由,可根据用户意愿或需求自行取量,其包装上的量值范围与数值可依据包装净含量与一般使用量需求进行设置。例如,国内的一款可计量药粒数的药瓶包装(图6-10),在药瓶瓶体上设计了一个可内置计量器的凹槽(图标1),且计量器的直径与出药口的直径相匹配,服药时将计量器(图标2)对准出药口,借助计量器上的刻度线,按照药粒数取量。又如带刻度的火腿肠包装(图6-11),每一厘米长度标记的火腿肠对应着固定的重量,方便人们直观了解整根火腿肠的重量,以及提醒所切取火腿肠的克重。

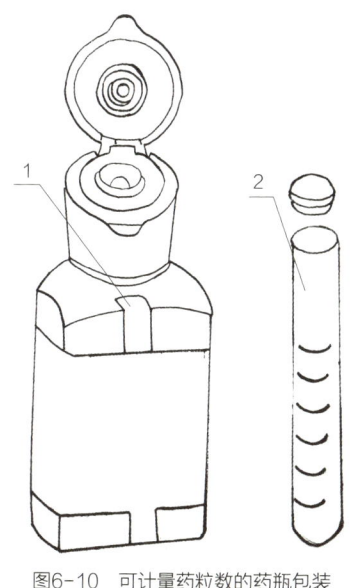

图6-10 可计量药粒数的药瓶包装

图6-11 带刻度的火腿肠包装

(3) 安全型计量式包装

安全型计量式包装是通过开启使用方式来限定取量大小,防止不合理用量导致安全隐患的包装,通常用于避免过量使用带来的安全问题。根据产品的自身特性,用量过度导致的危害可以是长期隐性的也可以是显性的,如过量使用后危害健康的特殊产品、药品等。荷兰的一家公司上市了一款多维生素矿物质胶囊的药物分配器包装（图6-12），通过设计药物出口轨道的注塑模具，在使用时每按压一次包装顶部的白色开关，分配器会自动取出一粒药丸，根据用量重复按压即可取药。又如，一款以计量控制为中心展开的药品包装设计，其计量操作首先明确药丸服用所需的颗粒数，假设现在需取出3粒药丸，使用者需要按压并同时旋转瓶盖至瓶塞口的数字"3"处，接着翻转药瓶即可取出所需药丸，而多余的药丸会通过特殊结构反推回药瓶中，实现安全准确的取药。

图6-12　维生素矿物质胶囊分配器

【4】卫生型计量式包装

卫生型计量式包装是指在一段时间内高频使用时，通过包装与可计量装置的密封设计，实现产品卫生取用的包装。例如，粉末状冲泡产品，（如谷物代餐粉、营养粉、药品冲剂等产品的硬质容器包装，取量时易与空气接触而受潮结块，特别是婴儿食用的奶粉，在冲泡时需要先放水，调节好适宜的水温再放奶粉，这就容易导致奶粉由于高频次取用而受潮结块。现有的奶粉包装为袋装和罐装两种，通常内置一个量勺，在量取过程中由于瓶口周围的水蒸气使量勺上的奶粉也容易结块，再次使用时大大增加了未使用奶粉被污染的质量安全风险。为此，国内涌现了诸多针对上述问题的可计量式防潮奶粉罐，可避免奶粉与空气直接接触，不需要人工用勺子挖取，直接通过内置计量装置操作取出，确保奶粉不直接与空气接触，避免产品受潮变质，保证产品的食用质量。

【5】操作便捷型计量式包装

操作便捷型计量式包装是一种更侧重于针对使用的特定外部环境或特殊人群，使操作流程顺畅无阻的包装，对计量的精确度没有绝对严格的要求。例如，日常随身携带的口香糖，大多数包装的使用流程如下：首先，一手握住瓶身，另一手打开瓶盖，再取出口香糖，如果在特殊环境下单手操作则有较大的难度。韩国一家食品公司专为满足车载用户的需求研发了一款可单手操作开取的木糖醇口香糖包装（图6-13）。包装瓶分为内外两部分，在瓶盖上方有一个拉环，向上提拉内胆再放下，口香糖就会由底部自动推送上来，置于正上方的圆口处，整个流程一次提取一粒，非常方便，极其适合驾车一族单手完成提取。

图6-13　木糖醇"粒粒出"口香糖包装

6.2.3 计量式结构包装的设计方法与原则

可计量式包装的设计方法与关键在于通过动态过程设计、对消费者行为方式的物化设计实现计量功能的附属功能设计,并非静态的单一保护或者销售功能设计。因此,在设计计量式包装的过程中,除了要满足传统销售包装基本功能,还要进行消费者行为习惯、使用过程、计量功能需求等方面的分析,最后才能完成准确合理的可计量包装设计。

如图6-14所示,可计量包装设计程序主要包含分析需求、分解需求、物化需求、美化需求四个部分。"分析需求"是指通过对用户需求、产品属性的分析,寻找需求点并做出需求定位;"分解需求",是指在需求点的基础上分析达到这个需求点所需要具备的条件,并通过不同条件的分析,设定计量方式;"物化需求"则是指通过借鉴技术原理以及分析用户习惯,设计能实现上述计量方式的结构形式并进行指示标识设计;"美化需求"是指在解决功能结构的基础上,通过完美的设计形式来表达整体设计。

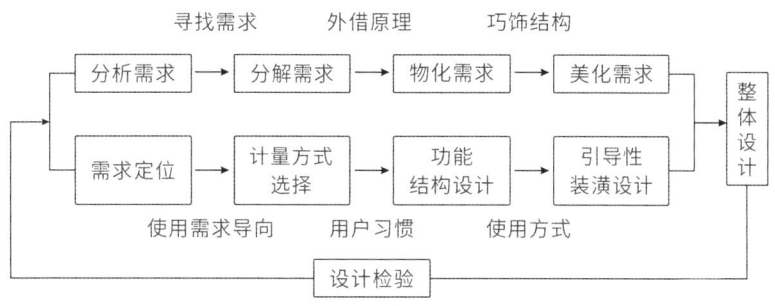

图6-14 可计量式包装设计程序

除了上述部分的设计程序,还要注意以下细节设计。

第一,根据使用需求导向巧妙选择计量的形式。在可计量包装设计过程中,依据对用量需求及产品特性的分析,选择适当的计量形式,使包装更加符合用户的核心需求。为满足连续性的良好使用体验,应当充分考虑计量功能形式的选择,这也是结构设计过程中的关键环节。

第二,根据用户的使用习惯合理设计功能结构。设计工作者应从用户体验的角度,围绕产品使用和取量的行为流程进行体验分析,探索创新改良空间。在使用方式的创新上可选择延用以往的惯用方式,使用户快速适应包装并体验到安全感,也可突破性地创造一种新型的使用方式,但要着重注意其合理性。曾有设计者把按压泵式的计量方式应用在蜂蜜包装上来解决传统罐装蜂蜜的取量过程中的卫生污染问题。由于蜂蜜属于食品类,而人们的印象中按压泵式包装通常应用在洗护类产品中,虽然按压泵式蜂蜜包装一定程度上解决了取量的卫生问题,但是使用中容易给人带来不可食用的错觉,以及负面的心理影响。

第三,根据使用方式适度增加引导性装潢设计。可计量式包装作为一种新型包装形式,其使用方式的创新,打破了消费者对原有包装的使用习惯,当消费者初次接触使用时,对操作方式往往缺乏认知概念,因此设计时可通过一定的图示和文字,增加对计量功能使用方式的说明,让包装自己"说话"。如上述提到的可计量式包装均设计一定的说明文字、数字或图形符号,来引导消费者了解产品的使用方法及步骤。

6.3 障碍式结构包装设计

6.3.1 障碍式结构智能包装的概念及特点

障碍式结构智能包装是指通过改变包装整体或局部的结构，适当增加障碍元素来限制或调控包装的使用行为，从而实现保护内容物及保障特定对象安全的包装形式。障碍元素是用来实现限制目标人群使用行为的结构设计的关键，设计者需要充分理解使用人群操作包装的惯用行为，然后对包装内部结构的特殊位置进行额外的障碍设计，从而增加使用包装的操作难度及开启条件，进而实现特殊的安全保护。

障碍式结构智能包装是一类解决包装安全问题的新型包装形式，其优势与价值主要有：a. 在产品的防伪安全方面，当包装经过非法开启后即留下明显的打开凭证，或直接通过特殊的障碍结构阻挡外部产品进入包装内部，以保证内容物的品质安全；b. 在目标人群的操作安全方面，根据目标人群的行为操作能力来调节限制程度，从而阻止特定人群（如儿童）的使用行为；c. 提供一种逆向思维的设计方式，从结构的角度来提升包装的安全性。

6.3.2 障碍式结构智能包装的形式与应用

障碍式结构智能包装根据障碍结构的限制性程度，主要划分为绝对限制型和条件限制型两种设计形式。

【1】 绝对限制型

绝对限制型障碍结构是指利用特殊结构或装置来完全限制目标人群开启行为的一种结构设计。此种包装结构保证了产品在未开启前处于完全封闭的状态，使用者最终只能通过强制开启或破坏本体结构的方式来打开包装。这种结构由于具有不可逆性及易破坏性，且制作较为简单，效果突出，所以常用于快销的高档产品的防伪安全。绝对限制型障碍结构根据障碍元素设计位置的不同又可分为整体绝对限制型和局部绝对限制型。

①整体绝对限制型

整体绝对限制型包装通常应用于一体式包装结构中，只在开启处留下刻痕印记或者引导按钮，目标人群需要通过拉取或旋转破坏内部障碍装置来打开包装，由于其破坏面积较为集中，且对包装材料的硬度与韧性有限制性要求，因此常用于食品与日用品等纸质或软塑包装当中。旋转障碍结构见图6-15，图示在包装盒底部设置旋转扣，并与盒体顶部的防伪片通过连接的筋带相配合，当旋转使防伪片与盒体之间的筋带断裂时，即可打开包装，并在开启之后无法复原，进而能在很大程度上防止假冒和产品被盗取，起到了较好的防伪效果。图6-16是某知名酒品牌酒包装外盒设计，在外包装的上方有一障碍开启装置，其主要由铆钉和塑料拉环组成，铆钉嵌进包装盒内侧，使其固定无法开启，消费者需要向外用力撕拉扣住铆钉的塑料拉环，将铆钉拔出，包装被破坏，才能将内装物取出，此种形式的障碍设计制作工艺与成本相对简单低廉，防伪效果较好，已应用于一些高档酒水包装中。图6-17则是应用于食品包装中的绝对限制型开启结构障碍设计，容器上部的盖体结构与下部的瓶体结构通过中间的障碍环连接，消费者通过撕拉障碍环使容器上下分离，开启后只能通过容器内部凹槽来实现暂时合体，但无法恢复完全封闭状态同时留下开启凭证。

图6-16 撕拉障碍结构（1）

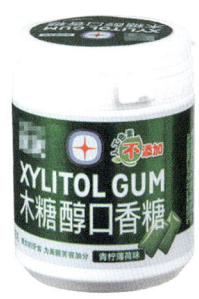

图6-15 旋转障碍结构　　　　　　　　　图6-17 撕拉障碍结构（2）

②局部绝对限制型

相较整体绝对限制型障碍结构，局部绝对限制型障碍结构的使用范围及防护内容更加具体与集中，通常应用于硬质容器结构的部位开启，且主要针对液体或者粉状物产品的包装，能起到较好的防伪作用。球腔障碍结构见图6-18，其局部障碍元素设置在瓶塞部位，瓶塞主体中部设有放置单项密封球的球腔，球腔孔径自上至下呈由大到小的变化，球腔下端收口，收口处的直径小于密封球的直径，此外，在瓶塞主体上部开有与球腔连通的出液孔。当瓶体倒置时，密封球落入出液孔中，内部液体自由倒出；当瓶体正常放置时，由于球堵在球腔下端就阻断了液体二次倒入容器，除非破坏瓶塞结构。压板障碍结构见图6-19，其利用的是压板的杠杆原理，当瓶体倒置时，压板正常打开，瓶体正常放置时，压板就会阻断外界物体倒入容器内部。

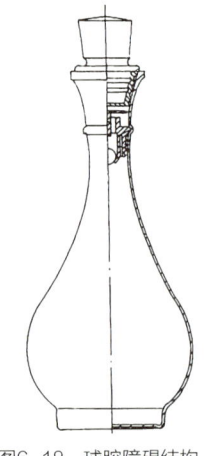 

图6-18 球腔障碍结构　　　　图6-19 压板障碍结构

【2】条件限制型

条件限制型障碍结构是指根据目标人群操作能力进行条件限制，当满足相应条件时即可安全使用包装，并且可以重复使用。由于条件限制型障碍结构可以调节限制难度，亦可根据操作能力来选择使用人群，所以常应用于儿童安全包装。5岁左右的儿童是个比较特殊的群体，这一阶段的儿童处在身体成长的发育期，且心理变化比较大，好奇心较强，经常会主动摸索一些新奇的事物，一旦误食有毒危险品后果则不堪设想。虽然儿童主观探索世界的欲望较为强烈，但其客观的操作能力比较弱，这是由其心理状态、智力水平和身体协调能力决定的，主要表现在注意力不够集中，缺乏钻研精神，碰及新鲜事物时具有一次性行为，即首次开启不利便主动放弃。

综上所述，条件限制型障碍结构可以根据防护对象现阶段的操作能力盲区，来设置限制条件，起到包装安全的作用，具体可以分为智力设障类、力量设障类和技巧设障类。其中智力设障类和力量设障类因为障碍结构设计程度相对较弱，制作工艺相对简单，更适于0~3岁儿童的安全防护。技巧设障类通常需要按照说明步骤来进行操作，障碍难度相对复杂，更适于4~5岁儿童的安全防护。

①智力设障类

智力设障类是以目标人群的智力水平作为限制条件，要求使用者具备一定的记忆能力、辨识能力和理解能力等，才能开启包装。使用者需要理解使用说明后，将指定操作处对准标注在包装上的某一文字或图形，才能顺利开启包装。智能儿童安全盖见图6-20，是一种智能儿童安全包装的盖体设计，此种安全盖需要利用压旋和拔旋两种动作交替操作，按照指示方向进行有规律的操作才能打开包装。经过实践检验，在5分钟内有85%的4岁以下的儿童无法开启，90%的以上成年人可顺利使用，这种通过智力设障来保证儿童安全的结构设计已广泛用于多数药品的包装当中。又如图6-21中洗衣凝珠包装设计中的童锁结构设计，包装需要双手分别按住正面的两个叉舌并且往上推才可开启，使用完毕合上盖子即可恢复锁定状态，有效防止了儿童误触误食。智力设障类的限制性障碍结构包装设计思路较为清晰、简单，但效果较好，在有限成本下能够产生理想的效果。

②力量设障类

力量设障类是根据目标人群现阶段手指力量及协调能力较差的弱点，通过设计抓、扭、压、拔、旋、撕等操作方式，并在此基础上加大操作力度来实现开启的包装形式。力量设障结构方式可以更好地限制儿

图6-20 智能儿童安全盖

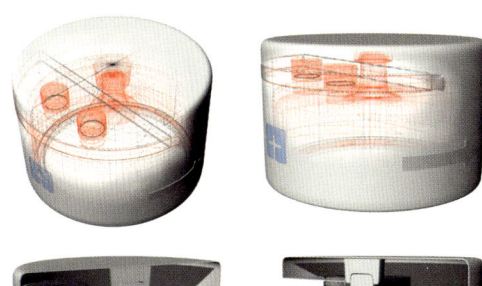

图6-21 洗衣凝珠包装

童的开启行为,降低儿童的开启兴趣,达到对儿童安全防护的目的。如图6-22所示是一款市面上常见的障碍式药品包装,包装背面附有一层密封纸板,以此密封住内部的泡罩包装,使用者需要一定的开启力度,才能扯出位于正中央位置的小泡罩,然后撕开铝箔获取药品,儿童的力量较小也就很难开启。以力量为限制条件的障碍结构,因为开启技巧单一,难度较小,更适合于低龄儿童包装的安全设计,并且需要对障碍的阻力大小进行多次调整和优化设计,以免造成老年人甚至成年人的开启困难。

③技巧设障类

技巧设障类是指将目标人群的智力理解能力和身体协调能力共同作为限制条件,要求使用者在理解开启方法的基础上,按照特定的技巧操作来完成开启步骤。例如,一款日历吸塑泡罩包装(图6-23),在按住左侧圆弧处(图标1)的同时,从右侧缺口处(图标2)拉出泡罩包装,"按"和"拉"两个不同动作同时协调进行方可开启。这种儿童安全型泡罩药品包装在泡罩板的上下分别设计了尺寸相匹配的插舌

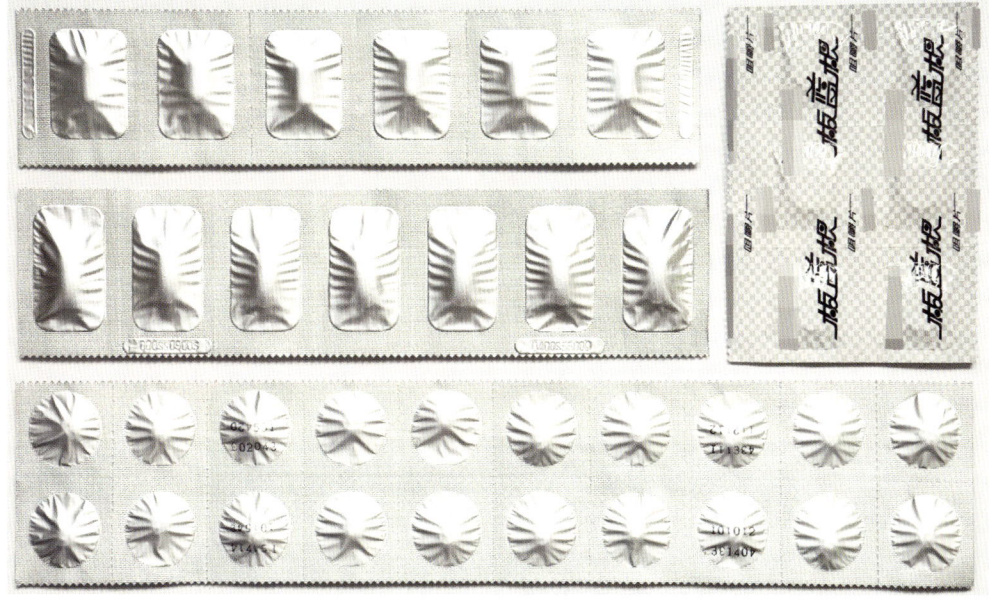

图6-22 防护药品包装

第6章 结构智能包装设计

和插槽，包装可单个从中间对折首尾插别，也可两个包装相互组合插别。此种技巧障碍型的泡罩包装，有一层开启药物的铝箔面被隐藏起来，只露出泡罩面在外部，开启时需要利用材料自身弹性和操作技巧来解决插口结构带来的阻碍。技巧设障类与前两种形式相比，操作难度相对复杂，不仅需要使用者先理解包装的障碍结构，且需要使用者在生活中积累一定的操作技巧，所以此种结构更适于大龄儿童的安全包装。

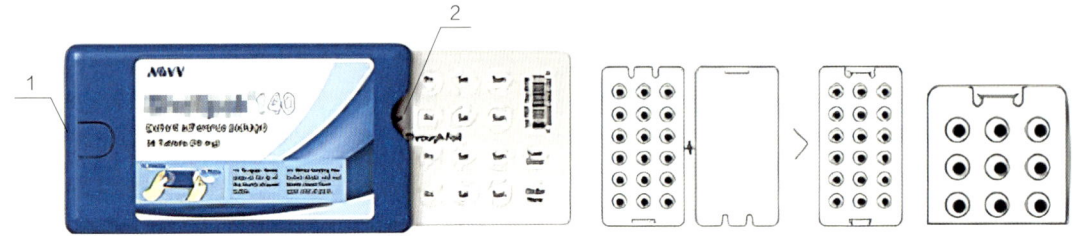

图6-23　日历吸塑泡罩包装

6.3.3　障碍式结构智能包装的设计关键

障碍式结构智能包装的功能效果取决于其设计方式以及在设计过程中要处理的关键问题。其中，绝对限制型障碍结构因其不可逆性与破坏性常被用于产品的安全防伪，在此类障碍结构的设计中应注意控制与把握包装的密封性设计、破坏开启的面积及开启力度大小等问题。条件限制型障碍结构具有可选择性与重复操作性，常用于儿童的安全包装，因此在设计时应多从儿童的心理和生理两方面的弱点来进行障碍设计。虽然两种类型的障碍式结构智能包装在设计环节上存在差异，但是也有一些共性关键点（图6-24）。

[1] 设障程度的恰当把握

障碍式结构智能包装设计实际是将人们的防护需求以及防护行为通过障碍结构的设计形式表现出来的物化过程，是为了更好地保障产品与使用人群的安全，因此，在物化过程中更需要人性化的设计以及对设障程度的合理把控。首先，需要保证障碍结构的限制行为有效，这就需要对某些特殊人群及防护对象进行调研与分析，进一步确定能够达到的限制能力，所以障碍结构势必会具备一定的复杂性和难操作性；其次，要保证其操作的效率，如果只注重高阻碍、极复杂的结构设计，使用者需要花费较长时间才能开启这样的包装，那么其实用性与用户感受会大打折扣，其结果也可能会使人们产生负面的心理感受；最后，要保证正常人群能够开启，如从某些药品的儿童安全包装实际应用中发现，设计的药瓶虽然防范了儿童，但部分成人和老年人同样难以开启，导致其最终选择放弃使用该包装的药品。这种局限性也从侧面反映出，障碍结构设计需要控制障碍设计的难度，控制开启力度，以保障正常的使用需求。

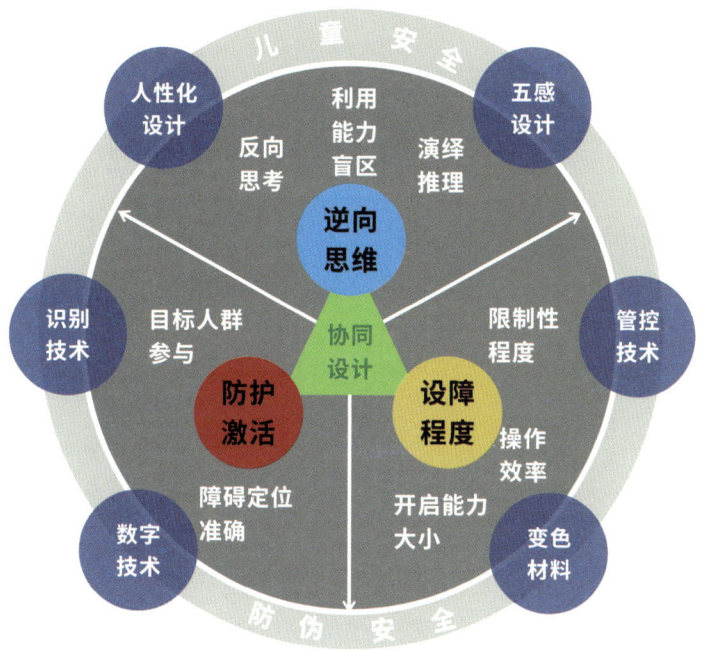

图6-24 发展趋势图

(2) 防护功能的有效激活

绝对限制型与条件限制型障碍结构都是以实现防护功能为目的，其激活需要使用对象的参与和障碍结构的准确定位。找准障碍结构的定位需要了解目标人群的操作行为以及心理状态，因为开启是包装使用操作的第一步骤，基于这一点，可以在充分考虑人、情、事、物、环境的一般需求和防护特殊需求的基础上，将障碍结构与开启结构的设计相互结合，从而实现障碍式结构智能包装按照预期功能更高效地发挥其防护作用，并减少安全事故的发生。

(3) 逆向思维的合理应用

逆向思维是一种有效且广泛应用于艺术设计领域的创意思维方式，与我们惯用的正向思维相反，是对问题的反向思索，利用非常规或看似不相关的方法，克服思维定式寻求解决问题的路径。在进行创新设计时，应该恰当地运用反向思维，来寻找更实用、更经济的解决方案。障碍式包装中出现的安全结构多数是利用逆向思维来进行设计，抓住目标人群的能力盲区、操作习惯，巧妙设置障碍元素，即能够有效地实现限制性防护的功能意图。在利用逆向思维寻找解决问题的突破口时，还需要慎重考虑包装成本以及现实可行性等问题，这样才能更好地使设计服务于生活。

6.4 结构驱动式包装设计

6.4.1 结构驱动式包装的概念及特点

结构驱动式智能包装是指通过结构驱动引导并触发包装内部的相关材料或技术,改变包装内部原有的空间状态,从而实现包装在使用或流通过程中的某种特殊功能。驱动是一种向物体施加外力来产生某种效用的方式,而结构驱动则是指针对特定的用户需求或问题,通过从功能作用、技术原理、触发方式、空间结构和指示信息五个方面来对包装的内部结构进行整体设计,从而引导并驱动相关技术产生某种特殊功能。

结构驱动式智能包装的优势具体表现在以下三个方面:一是利用结构驱动的方式将包装与相关技术原理进行更有效的设计结合,从而实现包装辅助产品发挥其最佳性能的需求;二是通过与气囊结构的结合,提升了包装对于产品的缓冲防护能力,同时,因为其可循环使用的特点也为快递物流包装提供了一种包装循环共享的新模式;三是因为其独特的操作方式和功能触发机制,也为用户带来了不同的使用体验,增强了包装的趣味性和互动性。

6.4.2 结构驱动式包装的形式与应用

【1】驱动加热式

驱动加热式包装是指通过结构驱动引导并触发包装内部的自加热技术,使包装自身可以完成食品加热过程的一种便捷性、人性化的智能包装形式。其中涉及的自加热技术是指热原材料与激活剂按照一定的比例混合后所产生的制热过程,对于驱动加热式包装而言,该技术起初出现在美军野战食品包装中,满足了当时军人在战场上对于热食快餐的需求,之后比利时、荷兰、中国等国家也相继开发出了自加热式包装(图6-25)。如今随着人们生活方式的转变和生活节奏的加快,驱动加热式包装的应用也从军用野战食品过渡到了民用方便食品,如市场上常见的自加热米饭和自加热火锅。目前,驱动加热式包装的应用领域主要在以下四个方面:军用野战食品、民用方便食品、救灾空投食品以及出差旅游食品。

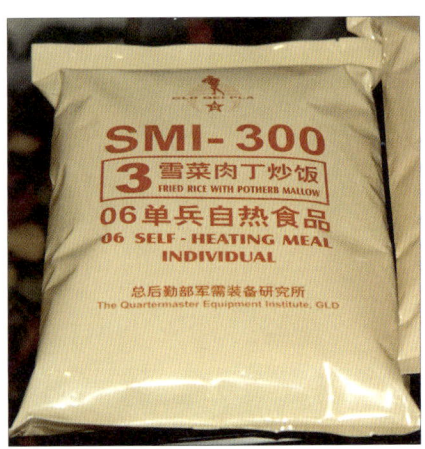

图6-25 自加热式包装

(2) 驱动冷却式

驱动冷却式包装是指通过结构驱动引导并触发包装内部的自冷却技术，从而实现包装自身对内容物降温的一种包装形式，自冷却技术是通过物理或化学的反应原理来实现制冷过程的。其中，一方面是利用制冷材料发生化学反应吸收热量的原理，另一方面是基于材料物理状态的改变（如汽化）而产生的制冷效果。驱动冷却式包装最早出现在20世纪60年代，美国犹他州盐湖城的一家超级市场的研究机构研制出一种自冷式饮料罐（图6-26），这种自冷

图6-26　冷萃咖啡包装

罐实际是通过拉取开关后，触发内部的自冷系统，释放存储在内部结构中的CO_2气体，利用气体在压强变化下物理状态的改变来产生制冷效果，实现对罐内食品降温的功能，这种通过物理降温方式实现的自冷罐满足了人们随时畅享冷饮的需求。国内对于自冷罐的研究更倾向于利用化学反应原理，如上海华东食品饮料工业研究所研制出的一款可自冷自热的多功能饮料罐，其内部的工作原理是通过调和剂与反应剂混合后吸热或放热来激活相应功能。驱动冷却式包装目前主要应用于日常生活及外出旅游食品当中，改变其内部的结构空间也能应用于某些特殊食品的冷链包装中。

(3) 驱动充气式

驱动充气式包装是一种有效应对外界物理冲击力与承受碰撞压力的包装形式，具体是指通过特定的充气装置对内部气囊结构充气，利用充满气体的气囊结构来吸收外界的碰撞压力，并以此达到包装缓冲防护的目的。驱动充气式包装是在空气垫与缓冲气囊这两种缓冲防护结构的理念与技术的基础上开发出来的，其中，空气垫是一种新型的缓冲材料，它是由塑料薄膜包裹气体而成，主要是利用密闭在塑料薄膜内的可压缩气体来实现弹性功能，空气垫材料具有良好的抗冲击性和隔振性，但是由于空气垫材料本身体积较大，并且怕尖锐物体的接触，在包装存储与运输过程中仍存在安全隐患。相对而言，缓冲气囊是以多层织物涂敷材料制成的一种充气展开型缓冲结构，具有结构简单、安全高效、质量轻、价格低廉、充气体积小、缓冲效果好等技术优势，应用前景更加广泛。目前，驱动充气式包装的发展较多是针对无人机的回收保护以及空投等特殊领域的应用，在其他方面仍处于研究测试阶段，但是由于驱动充气式包装内部的气囊结构可进行多次充气，并且使用完毕后亦可恢复原状，因此，这也同样为物流快递提供了一种新型的循环共享模式。驱动充气式包装因其良好的缓冲防护性能以及可循环利用的特点决定了其未来的应用前景不可限量，特别是在救灾空投物资、特殊贵重物品的防护、器官移植的运输以及在快递物流等方面都能有效地发挥其作用价值。

6.4.3 结构驱动式包装的设计关键

结构驱动式包装设计的核心在于将结构驱动将包装与技术进行设计结合,其设计关键在于把握以下五个方面(表6-1)。

表6-1 设计环节与关键因子

设计环节	驱动功能设计	驱动原理设计	驱动方式设计	驱动空间设计	驱动指标设计
关键因子	•挖掘用户的内在需求 •分析用户的惯用行为 •结合产品的具体特征	•安全环保 •作用效率 •工艺难度 •技术成本	•按压式 •拉拔式 •旋转式 •震动式 •应激式 •感应式	•内外夹层式 •上下嵌套式 •伸缩气囊隔离式	•驱动功能内容的指标 •开启与操作过程的指示

【1】驱动功能设计

驱动功能设计是确保实现设计功能的理论基础,也是其他设计环节实施的前提条件。具体是指以用户的内在需求及惯用的行为方式和产品的具体特性为参考,要求设计者从解决问题的层面出发,来设计包装的功能目标以及实现方案。用户的内在需求可以分为用户对包装辅助功能的需求和对操作行为的需求,产品的具体特性主要分为物理属性和化学属性。例如,一款可以煮熟鸡蛋的包装就较好诠释了驱动功能设计对于整个设计方案的重要性(图6-27),为了实现随时随地可以吃到鸡蛋、让加热变得更加简便的目标,设计团队把握用户内在需求,开启了全新的包装体验方式,该包装可

图6-27 可以煮熟鸡蛋的包装

以通过撕开外膜(或拉开一个标签)使催化剂和机敏材料之间开始进行化学反应,几分钟后,打开包装盖即可得到有一个煮熟的鸡蛋。包装是从循环利用的硬纸板而来,第一层纸板下面是催化剂层,然后是一层用于将某种机敏材料和催化剂分开的隔膜,机敏材料是第三层。这样,烹饪鸡蛋就变得跟拉开这一标签一样简便了。

【2】驱动原理设计

驱动原理设计是指包装产生特定功能的相关技术原理的设计。结构驱动式包装能够实现其特定的驱动功能,实际上是来源于驱动原理设计的有效性与合理性。就整体而言,驱动原理在设计时应从安全环保、作用效率、工艺难度以及技术成本这四个方面进行考虑。首先是安全环保,驱动原理在设计时应选择安全

环保的材料或技术，以保证反应过程安全稳定，反应后对周边环境无毒、无污染；其次是作用效率，驱动原理至少要保证实现特定功能的高效率，或者能够在限定时间内完成特定功能；再次是工艺难度，主要指技术原理所采用的制作工艺的复杂性，过于复杂的制作工艺会影响结构驱动式包装的批量化生产，拖延推广进度；最后是技术成本，主要指技术原理的材料与反应成本，技术成本越高则包装售后效益越低。

(3) 驱动方式设计

驱动方式设计是指用户在使用结构驱动式包装时所采用的具体形式的设计，也是包装本体触发内部功能的关键，是能直接带给用户情感体验的交互性设计。驱动方式设计主要体现在按压式驱动、拉拔式驱动、旋转式驱动、震动式驱动、应激式驱动及感应式驱动等方面。

① 按压式驱动

按压式驱动属于常见的驱动形式，是指用户可以手动向下或沿着指示方向挤压特定物体来触发包装功能的驱动方式。例如，一种驱动加热式包装（图6-28），图中"2"指待加热内容物的食品盒，"1"是具体的驱动式包装本体，用户通过向下按压食品盒，使图中"4"表示的不锈钢球挤入"3"所示的过饱和醋酸钠溶液中发生反应放出热量，此时用户只需等待几分钟，包装本体就可以完成对食品的加热。

② 拉拔式驱动

拉拔式驱动是指手动拉、拽包装凸出的特定物件，使物件脱离本体或者明显发生形变，从而触发包装功能的驱动方式。如图6-29所示是一款快递防护包装的拉拔式驱动设计，其整体设计是由TPU气室、自动充气装置、CO_2储气瓶组成。通过充气口，将CO_2气体提前压缩至储气瓶内并进行密封，使用包装时通过拉动拉绳即产生反应，最终实现气室充气并产生抗震作用，以提高快递袋的抗震保护作用。这种充气式包装可以做到少使用或者不使用泡沫材料和气柱抗震塑料，将抗震的气囊袋直接用于货品包装，而不需要再添加额外的包装盒包装。

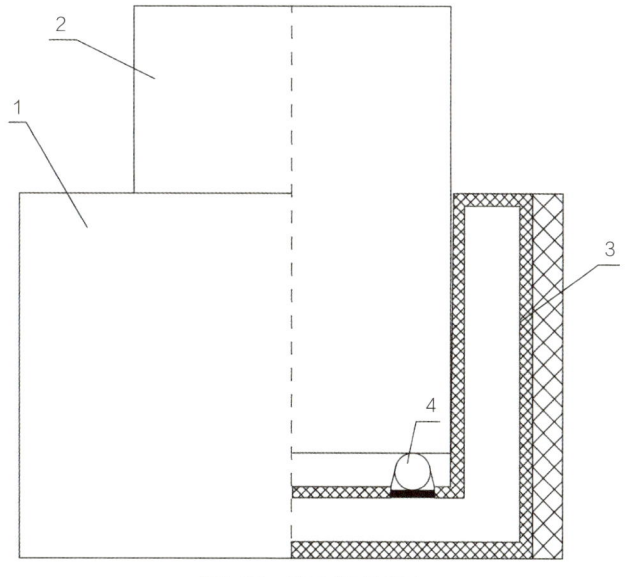

图6-28　按压式驱动设计

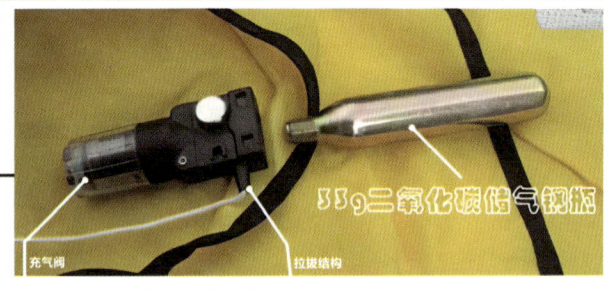

图6-29 拉拔式驱动设计

③旋转式驱动

旋转式驱动是指用户沿着指示方向转动特定部位,从而触发包装功能的驱动方式。如图6-30所示的一款驱动冷却式包装方式的设计图,用户通过旋转上下层结构,使位于上层结构的铵盐包(图中绿色指示线表示)透过图中红色缝隙孔,落入下层结构中与其中的激活剂混合,从而产生制冷效果。

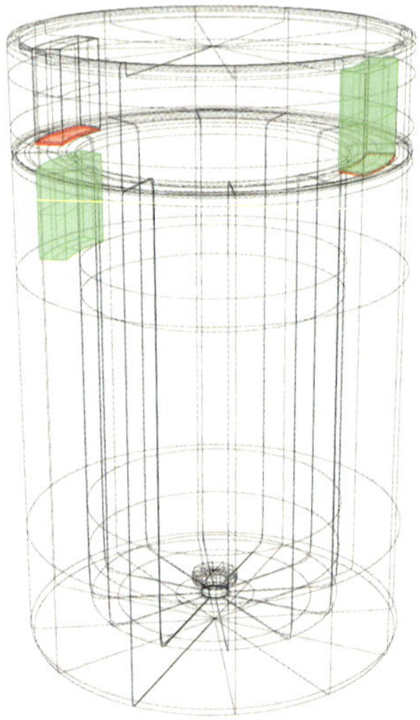

④震动式驱动

震动式驱动主要指利用用户摇晃或者捶打撞击包装某一部位使包装内部受到强烈震动促进内置的材料融合进而触发包装功能的驱动方式。如一款自冷却的橙汁饮料,在使用包装之前,需要用力捶打包装中间部位,使包装内部材料因剧烈震动而融合并发生吸热反应,从而达到对内部饮料的制冷效果。

⑤应激式驱动

图6-30 旋转式驱动设计

应激式驱动是一种主动式的驱动方式,是在包装感应到即将受到撞击的信号或接收到撞击信息时所自觉触发的应激式驱动方式。这种应激式驱动常出现于驱动充气式包装中,尤其是出现在某些特殊物品的防护包装中,例如空投包装、易碎物品的快递包装中。

⑥感应式驱动

感应式驱动是指借助红外感应技术,通过手指触碰感应器部位来触发包装内部技术的一种驱动方式,这种驱动方式较之前几种驱动方式更加人性化与智能化。例如,一款感应牙签盒的设计(图6-31),用

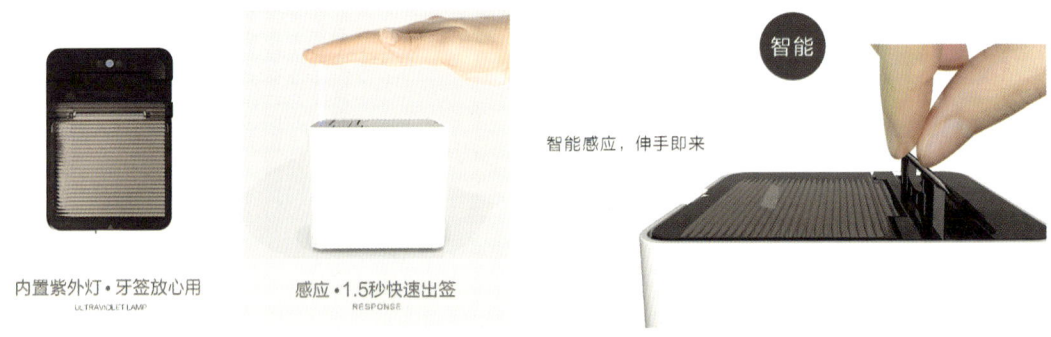

图6-31 感应式驱动设计

户将手停留在感应器上方数秒,待红外感应到反馈信息后,触发包装内部提供牙签的结构,从而达到取出牙签的目的。

【4】驱动空间设计

驱动空间设计是指包装整体的内部空间设计,主要包括相关技术原理的作用空间和包装内装物的容纳空间两部分,可以通过内外夹层式结构、上下嵌套式结构和伸缩气囊隔离式结构这三种形式实现设计目标。

内外夹层式结构分为内外两层,通常外结构环绕在内结构的外层,并包裹着内层结构。如图6-32所示是一款空气跑鞋包装,该包装由耐用塑料制造而成,基本结构为"包中包"(Bag in Bag)。"包中包"结构就是典型的内外夹层式结构,这种结构设计相对简单,在使用前需将物体放入塑料小袋中,然后由专用充气设备向外包装袋中充气,外包装充气胀大保护内装物品,方便运输的同时也避免了外界的碰撞损坏内部产品。如图6-33所示是一款饮品驱动加热式包装盒采用的内外夹层式结构,其驱动结构包括饮品储存的结构"1"和夹层式套管"2"两部分。套管的底端垂直固定于盒体底部的中心,在套管的中部设有薄膜,目的是将上下空间的热原材料和触发剂隔开,套管外壁与盒体内壁间形成的空间是封闭的并装有饮品。饮用饮品前,只要刺穿套管"2"的上封口和薄膜"3",内部的自加热反应就开始进行,会将饮品加热到合适温度。内外夹层式结构的优势在于结构设计相对简单,触发反应技术的难度低,并且由于内结构常设为技术反应区,所以整体功能的实现效果更好,此驱动结构常用于驱动冷却式包装和驱动加热式包装当中。

上下嵌套式结构分为上下两层结构,通常上层结构是嵌在整体结构的中央或者悬挂于下层结构的顶部。如图6-34所示是采用此结构的一种驱动加热式饮品包装,图中"1"是放置饮品的上层结构,图中"2"是供自加热技术反应的下层结构。在上下层结构中设有支撑部件或沟槽,该支撑部件上或沟槽内放置触发液剂袋或触发液剂,上下层结构的沿口处都是密封状态,以保证自加热材料充分反应,此外,在密封连接部位分别设有连通下层结构的放气孔和用于撕开或刺破触发液剂袋的操作孔来触发反应。上下嵌套式结构的优势在于上下层应用分工明确,其中下层结构常被当作技术反应区,从而保证了产品在加热过程中的安全性,此上下嵌套式结构常用于驱动自加热式包装中。

伸缩气囊隔离式结构主要包括可伸缩框架、附着在伸缩框架外层的缓冲气囊以及处于伸缩框架内部的

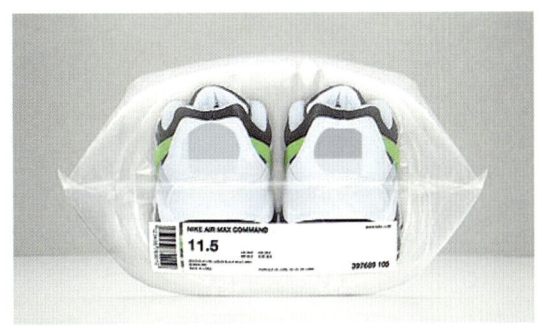

图6-32 空气跑鞋包装

产品储存区。如图6-35所示是一款"智享盒"快递包装设计,包装采用伸缩气囊隔离式结构,可伸缩框架连接着外层的缓冲气囊与内部的产品储存区,并且支撑起整个包装的内部空间。包装在弃用状态下呈现图6-35(b)所示的压缩状态,此时包装所占用的空间体积变小利于存储;在启用状态下呈现图6-35(a)所示的打开状态,包装可由充气口向内部的缓冲气囊充气,产品放入内部的存储区并合上包装盖,即可用于运输。伸缩气囊隔离式结构的优势在于结构本身可以进行压缩,减少了包装存储的空间,并且由于缓冲气囊附着在支撑框架上,在受到外部撞击时也不会影响到内部存储的物品,提升了包装的安全性与稳定性。

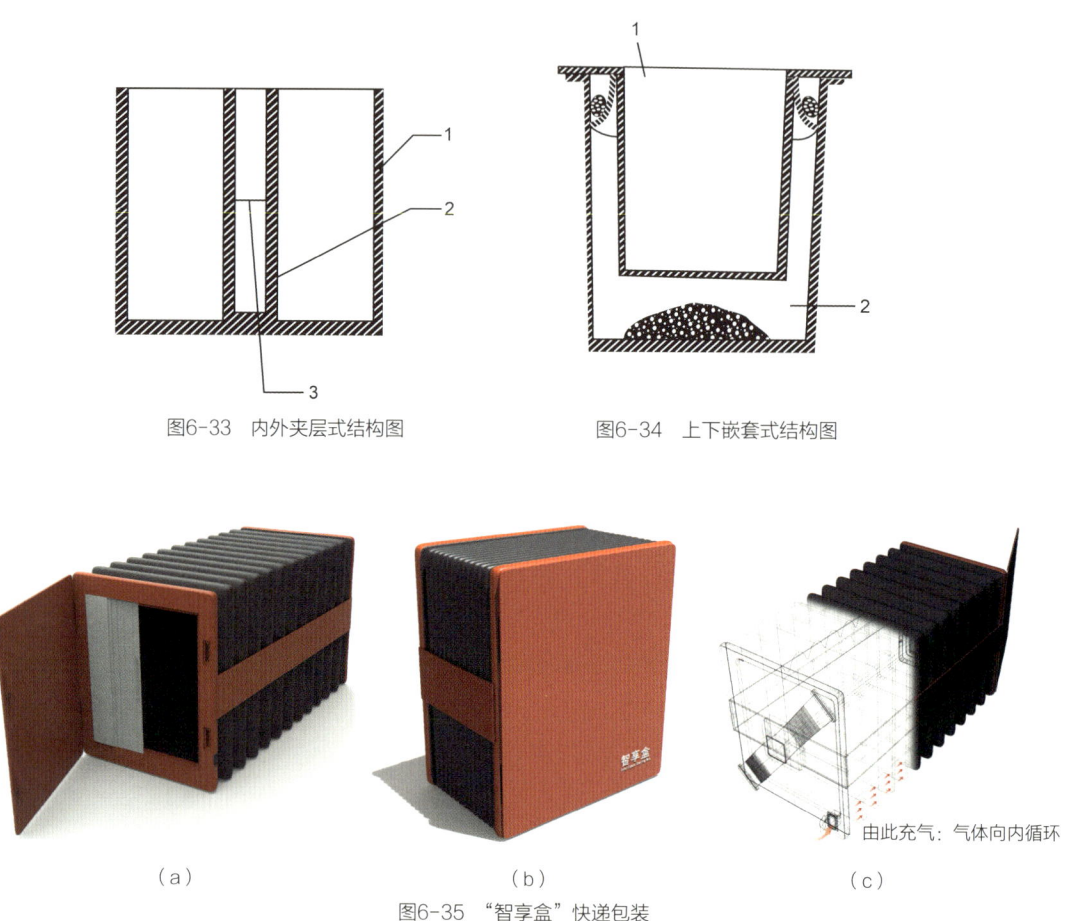

图6-33 内外夹层式结构图　　图6-34 上下嵌套式结构图

(a)　　(b)　　(c)

图6-35 "智享盒"快递包装

5 驱动指示设计

驱动指示设计是指通过特殊图形、色块或者简单的文字说明来告知消费者包装如何正确操作的一种辅助性设计。结构驱动式包装通常需要先启动包装的功能按钮,待包装内技术反应一段时间后才可开启包装来正常使用,这与传统包装在使用方法上有所不同,所以更需要驱动指示设计来引导用户正确有效地启动和使用包装。驱动指示的内容可以从两方面考虑:一方面是关于驱动功能内容的指示;另一方面是关于具体的开启方式与操作过程的指示。这两方面可根据具体需要来选择设计,如某些功能较为复杂、外形奇异的结构驱动式包装就可以借助驱动功能内容的提前展示来消除用户的安全顾虑,而较为简单的结构驱动式包装则只需对开启方式等进行简单的流程图展示即可。如图6-36所示，是一款驱动加热式的饮料软包装，位于包装顶部开口的红色图形就是简单的驱动指示设计，用户需要先用手指按压红色区域，然后揉捏软包装袋的指示区，待加热反应完成后，方可拧开瓶口享用温暖的饮料。驱动指示设计不仅能确保包装正确使用，也方便了用户操作，同时带给用户一种全新的包装使用体验，甚至会使用户对包装的使用过程产生好奇，激发用户的购买兴趣。对于驱动指示设计需要注意的是不要将其设计的过于烦琐，只需一些简单明了的指示图案或文字即可，若功能触发比较复杂则可有一些对应的示意图和文字说明。

图6-36　驱动指示图

结构驱动式智能包装是集中体现结构功能化、人性化、智能化的包装形式，还可以从以下三个方面进行创新改进和发展：第一，驱动材料上可以采用更加安全、高效、环保的反应材料，实现功能更加高效、形式更为多样的结构驱动式包装；第二，驱动方式上可以采用多种感应技术，如红外感应、温敏感应等，在操作行为上实现从机械式向智能化的转变；第三，驱动指示上可以与数字智能包装的多维展示形式结合，提升指示说明的效果。

第7章
智能包装设计的方法与原则

7.1 智能包装设计的对象
7.1.1 功能设计
7.1.2 形式设计

7.2 智能包装设计的方法与步骤
7.2.1 "析"
7.2.2 "解"
7.2.3 "组"
7.2.4 "借"
7.2.5 "创"

7.3 智能包装的设计原则与设计评价
7.3.1 智能包装的设计原则
7.3.2 设计方案的验证与评价

智能包装设计的方法多种多样，因人而异，因产品而异，因市场而异，因材料而异，因需求而异，因时代而异，因条件而异，因情趣风格而异，很难有固定的模式，但最终的目的都是以人为本，为人类服务，以满足人类的情感和需求为目标。

7.1 智能包装设计的对象

智能包装的设计可分为本体层和智能层两块，重点关注包装智能层的设计，主要从功能设计和形式设计两个方面入手，利用"多维五感"的动态形式以及特殊的包装结构和材料来实现创意和需求。

7.1.1 功能设计

智能包装的功能包括增强型保护功能、增强型信息传达功能、增强型促销功能、自觉性环保功能、安全警示功能和智能管控功能等多种功能。这些功能使智能包装能够解决绝大多数传统包装功能受限和不足之处，而且这种功能的增强和扩充使智能包装在各个领域的应用优势也会比传统包装更加凸显。

(1) 增强型功能的设计

增强型保护功能的主要目的是更好地保护产品质量、延长产品保质期，使产品在运输、储存的过程中都能够得到有效的保护。除通过调整包装结构来保护产品的方式以外，该功能的实现还依靠特殊材料（如抑菌材料、选择透过性材料等）或无毒害的化学制品维持包装适宜的内部环境，使产品性状在存放过程中保持稳定不变以达到保护产品的目的。比如在食品领域，智能包装的增强型保护功能可通过多种方式实现：利用选择透过性包装材料维持包装内部气体环境稳定并保持食品风味，或在包装内加入氧气吸收装置降低好氧微生物的存活率，大幅延缓食品腐败进程等。需要注意的是，实际的功能设计需要针对不同种类的产品进行适应性的调整。这里以可调节包装内部气体环境的气调式水果包装为例，这种包装通常采用具有吸收或者释放特定气体功能的材料，在包装内装进水果后便充入具有固定比例、适宜产品存放的气体，并在包装内加入乙烯吸收器后进行密封。这种选择透过性材料可以有选择地透过气体成分，使此包装可以自主调节包装内部气体环境，同时乙烯吸收器能够降低包装内乙烯气体对水果的催熟作用从而实现保鲜的功能。总之，智能包装的增强型保护功能虽有多种实现方式，但也要根据不同产品的特点，在获悉影响产品质量的关键因素之后，有针对性地选择适用的方法来解决问题。

智能包装增强信息传达功能的设计主要是将信息数字化，针对不同类别的产品设计不同的数字化内容，以此扩充信息的传播渠道和展示形式。如在包装上增加二维码、小程序码、AR识别符号、NFC标签、印刷电子芯片等,将产品及包装信息通过智能终端的屏幕或其他形式进行呈现并拓展和延伸,实现包装信息的非物质化转移。其中,二维码作为包装数字信息的入口,能够将用户引入到电商展示平台、H5产品宣传页面、小程序等数字媒体平台,通过3D产品模型展示、视频(动画)讲解、音频和文字的辅助介绍,使信息传递的方式更加多样化。AR技术则可以通过小游戏等更具趣味性的形式吸引消费者,并传达产品及包装信息,提升信息的传递效率。利用NFC智能标签的包装同样可以实现数字信息传达的功能,生产厂家在智能标签中写入产品及包装信息,消费者使用带有NFC识别功能的设备即可读取标签的内容,并进行产品真伪验证,浏览产品及包装信息以及获取其他内容。随着印刷电子技术的发展,如今已可以通过印刷的方式将传感器、显示屏、电池、芯片电路等置于包装上(图7-1),这种印刷电子芯片能够利用传感器实时监测产品状态,并通过显示屏直接向用户展现当前产品的状态信息,不失为一种新型的信息展现形式。此外,通过发光材料、变色材料的艺术化应用也能实现一定的包装展示效果,提升包装体验的趣味性。

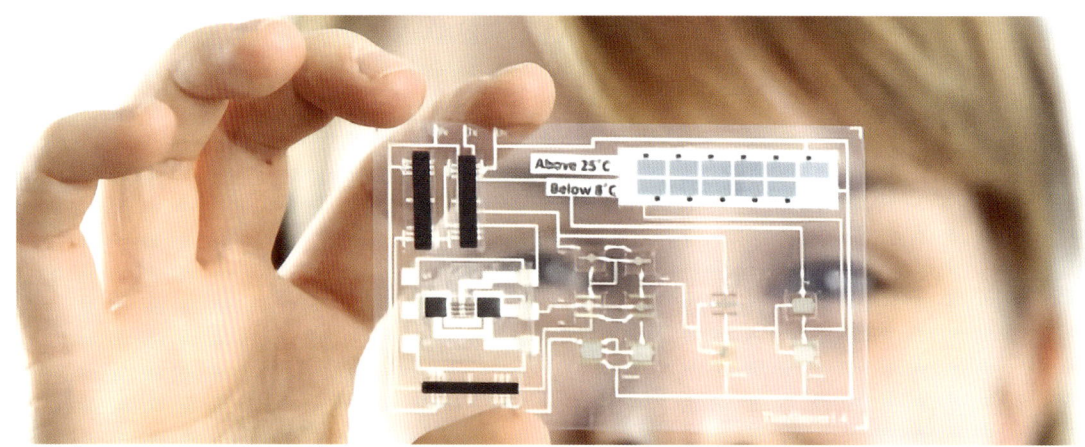

图7-1 带显示功能的印刷电子芯片

增强型促销功能与增强型信息传达功能有一定的功能交叉。智能包装通过各种趣味性或独特的包装信息表达方式吸引消费者,从而增强包装的促销效果,上述提到的增强信息传达的方式也能实现产品促销的目的。数字智能语音和智能发光包装是在传递包装信息的同时实现促销功能的两种智能包装形式。智能语音包装利用语音播报包装信息,打破包装"无声的推销员"的固有形象,并且与传感器等设备结合之后,还能提供警示、提醒、指示的功能,对老年人和视觉障碍的消费者更加友好。智能发光包装通过在包装上增加发光区域,利用发光区域有节奏的颜色变换或其他发光形式,使包装展示具有趣味性和娱乐性功能,也能增强包装的展示效果,实现促销目的。

智能包装自觉性环保功能的实现一方面依靠环保型功能材料,另一方面则是通过包装信息的数字化,减少包装印刷带来的环境污染和资源浪费等问题。环保型功能材料的智能包装通常采用水溶性材料等可人为控制降解条件的功能材料。在包装废弃时,通过改变包装所处环境控制包装材料的溶解或降解速率,使其能够快速分解,减少包装废弃物对环境造成的危害。另外一种将包装信息数字化,实现包装信息非物质化转移的方法前文已有提到,此处不再赘述。

智能包装安全警示功能的设计分为两个方面:一是产品安全方面,集中于保护和监测产品的质量;二是用户安全方面,聚焦对消费者的使用安全提醒和警示。在产品安全方面,食品和药品包装对安全警示功能的需求更高，其中，应用于食品领域的智能包装有多种方式实现对食品质量的监测和警示，较为常见的是采用各种指示剂（或称之为指示器）以颜色的渐变、显隐指示当前产品质量状态。时间温度指示器是一款常见的指示器，它能够感知产品质量随时间和温度而产生的变化，并相应发生颜色变化反映当前产品的质量，从视觉的角度对消费者发出警报。一些内源指示器也能监测包装内有害物质的积聚或内部环境的改变，当食品质量变化时，指示器会相应地出现颜色变化或释放有独特气味的气体警告消费者。内源指示器的原理一般是利用一种无毒害、无污染的化学制剂与食品腐败产生的物质发生反应并产生气体或颜色变化，以反映产品质量状况并发出警报，这种方式同样也适用于一些药品的包装。在用户安全方面，可以采取将包装的生产日期、保质期等关键信息数字化，并导入智能终端的方法，便于消费者对产品状态进行查看和管理，并能在产品接近有效期之前发出警报，以免过期产品影响消费者安全。除此之外，包装的安全警示功能也能利用传感器实现。如借助重力感应器和扬声器，当包装在仓储过程中因货物堆放超过其承载力时，包装即会发出声音警报；利用湿度感应器监测包装所处的环境湿度，当超过指定范围时，也可利用感应器变色或利用扬声器发声警报。

【2】管控功能设计

智能包装的管控功能主要集中在产品防伪、产品溯源、产品计量、物流仓储管理、产品质量监控与反馈等方面，每种效果的实现方法不尽相同。

在防伪设计方面，智能包装结合防窃启的包装结构、特殊包装材料以及智能芯片提升包装的防伪效果。较为常见的防伪方式是在包装上预置RFID、NFC等智能芯片，这种智能标签的工作原理类似。生产商在进行产品包装时，在包装上增加一个具有唯一编码的NFC标签，标签内标注产品的生产日期、产地、生产批号、防伪识别码等包装信息，消费者使用具备NFC感应识别功能的智能终端与标签配对以读取数据并与生产商数据库进行比对，即可在智能终端上验证产品的真伪。类似的，也可利用二维码技术实现防伪功能。如消费者通过验证包装上的防伪二维码，进入厂商的防伪验证系统进行真伪查询，因该方法成本较低，目前已经广泛应用于线上和线下商品中。随着技术的进步，二维码防伪的方式也在不断升级，当前已经出现利用特殊油墨印刷的二维码，使二维码在不同条件下（如使用不同频率的光线照射）会呈现不同的状态，读取的信息也会相应变化，用以增强二维码的防伪功能。另外一类防窃启包装是利用破坏式的包装结构，当包装启封之后便不能恢复原状，以此来证明产品的原装属性。借助材料实现防伪功能的包装可以依靠包装材料在开启包装时发生不可逆的色变或形变，警示消费者包装曾开启过，产品也可能被替换。

对产品溯源、物流仓储管理可以统一归为包装的智能管理，即管控商品包装从生产、运输、存储、销售的一系列过程。这种需求的解决一般是利用数字信息技术实现自动、批量化管理，同样是借助智能标签和二维码实现。两种方式在原理上大致相同，区别在于信息存储的介质和获取信息的方式不同。这里以使用二维码标签的食品包装为例，当食品制造商包装产品时，将产品的原始生产数据诸如生产日期、保质期限、产地、制造者等以二维码形式存储，然后将其印刷在食品外包装上，并交与物流企业以便实时跟踪物流详情。在仓储管理上，二维码标签作为商品的唯一识别码方便管理人员统计产品数量以及快速定位产品位置，便于销售和管理。对于摆在货架上的包装来说，二维码将作为用户了解产品信息的入口，方便用户了解该产品的各项数据。

一般情况下，产品计量可通过调整包装的结构设计来实现，当然也可采用感应器对产品取出量进行精准把控。这种包装结构的设计思路一般是在包装内部设置一个临时容纳产品的空间，该空间的大小可以根据用户设定的参数进行调节，当用户发出取物操作的指令时，指定数量的产品会进入这个空间并最终传递给消费者。以自动出签的牙签包装为例（图7-2），包装通过内部的结构设计，使使用者按压包装出签按钮时，便会弹出一根牙签。

图7-2 自动出签的牙签包装

包装的内外部环境是影响包装稳定性的重要因素。为了实现智能包装对产品质量监控与反馈，往往需要诸多感应技术来监测包装内、包装本身及包装外的条件变化。主要借助特殊的材料和传感器监测包装内外部温度、湿度、光照、气体环境以及微生物活性等条件的变化，即时从视觉和听觉层面对这些条件的改变做出相应的色变、形变、图像的显隐、声音警报等形式的变化以反馈产品质量信息。以一种采用抗菌包装材料的食品包装为例，这种材料除抑制细菌活性往往还可以监测包装内部由于微生物分解而产生的有害物质成分的含量，并根据含量的大小产生对应的颜色变化。此类智能包装的设计主要体现在这种颜色变化的形式上，如色彩变化、饱和度变化等，当包装的抗菌能力不足时，消费者可以通过观察相应的变化判断包装内部产品的质量水平。在设计此类包装时，设计师要充分了解相关材料及传感器的功效原理，以便更好地利用它们达到设计目标。

7.1.2 形式设计

智能包装形式设计包括动态过程设计和静态元素设计两个方面。动态过程设计主要表现为视觉形式的变化设计，包括产品使用过程中的形变（造型变化和图形变化）、色变（色相、饱和度、透明度变化）、光变（发光图形和发光形式的变化）以及利用增强现实技术和虚拟现实技术呈现的动态效果等。静态元素的设计包括包装静态的造型设计、结构设计、装潢设计和使用引导形式的设计。整体上，智能包装"智能层"的形式设计以动态过程的表现为主，基于视觉设计、听觉设计、触觉设计、嗅觉设计和混合设计五个方面，形成以"多维五感"为设计内容的表现体系。

(1) 视觉设计

智能包装"智能层"的视觉设计主要依靠包装直接可视的视觉变化或借助增强现实技术和虚拟现实技术来体现。这种视觉变化可以通过三种方式实现，分别是包装的形变、色变以及光变（表7-1）形式。

包装的形变是指包装内部产品质量发生变化或者受到外力作用时，包装的整体或局部形态会跟着发生变化，并以此来反映当前产品的质量或与用户进行信息交互与传达。形变包括包装造型的变化和图形的变化，造型的变化可以通过膨胀、萎缩、凹陷等方式呈现。图形的变化可以采用改变图形的显隐性、图案的

表7-1　视觉变化的形式、内容及功能

	形变	色变	光变
变化形式	造型变化 图形变化 形状变化	颜色变化 饱和度变化 透明度变化	发光形式变化 发光图形变化 发光颜色变化
功能	信息交互 与传达	警示、防伪	信息传递、警示 趣味娱乐、展示

变换等方式实现。如利用抗菌材料制成的真空包装是以形变来反映被包装食品质量的典型代表，因包装的抗菌效果会随着食品存放时间的延长而减弱，当食品存放时间过长导致变质时，微生物分解作用产生的气体会使包装膨胀，消费者从包装的形态变化就可知晓食品已经腐败，不能食用了。

包装的色变多数是利用智能指示标签的色彩变化来实现对产品质量的信息指示，除此之外还包括一些图案色彩变化、光的颜色变化等，以此传递不同的信息或实现娱乐效果。智能指示标签色彩变化的原理是当导致产品性状发生改变的物质与智能指示标签发生反应后，标签呈现相应的颜色变化，这种颜色变化可以用来显示当前产品的质量水平。这种指示标签的颜色通常呈渐变式变化，具体形式和变化过程的表现可根据目标产品的类型进行形象的设计。例如，对果蔬包装来说，其新鲜程度可以用不同颜色的叶子形状智能指示标签来表示，绿叶表示新鲜，黄叶表示腐败。当材料感应到包装内部产生腐败的物质时，会根据该物质含量的多少产生从绿到黄的变色反应。这种颜色的变化过程就反映出当前产品新鲜程度的变化，当叶子彻底变成黄色时则说明该产品已经不宜食用了。

包装的光变有两种情况，一是产品包装利用传感器感知包装周围环境变化和产品信息，从而通过发光材料和发光装置自主地发光或改变光的颜色；二是利用智能设备人为控制包装的发光状态。这两种光变都能实现警示、娱乐、展示等功能。包装的光变和色变是分不开的，光的颜色差异也可用于指示不同的功能和产品状态。在警示功能方面，依赖于传感器对包装使用情况的监控，当异常情况发生时立即发光向消费者发出警报。在娱乐功能方面，往往通过趣味性的发光形式达到娱乐效果。如在酒吧等光照较差的场所，可以在饮品包装上加入一些可控性的发光图案，从而活跃现场气氛并提升包装的娱乐性。展示功能主要是以包装的光学变化（如通过发光图案、发光Logo等形式）增强包装的展示效果。

(2) 听觉设计

智能包装的听觉设计主要依靠传感技术结合电子芯片、扬声器等电子设备发出语音指令、音乐、提示声或警示声等，目的在于引导或警示消费者正确地使用包装并对其进行信息传达。比如对于老年人而言，由于记忆力和行动力的下降，按时、按量服药会相对困难，药品包装可利用听觉设计定时播放提示音，提醒老年人按时、按量服药。听觉设计也可用于趣味性的礼品包装上，消费者可以在包装上提前录入选择好的音乐或者留言，在礼品接收人打开包装时即可听到之前录入的音乐或留言，提升包装的使用趣味。听觉的警示功能设计需要结合传感器监测包装的使用情况，如商品受潮、超重、产品耗尽、过保质期等，当发现异常情况时，包装通过发出警示声警告使用者。值得注意的是每种类型的产品及其应用的场合对声音的要求有所差异，我们需要有针对性地做出调整，以期实现声音和包装类型的合理匹配。

【3】触觉设计

传统包装的触觉设计是利用不同包装材料的质感、肌理等来改变人的触觉感受。智能包装则是利用具有温敏、力敏的智能材料或涂料，通过它们感知使用者的温度和触摸产品的力度，从而在包装上产生色彩变化、图案变化或物理形变，增强包装和人的互动体验。如一位俄罗斯设计师设计的"naked"交互式包装（图7-3），该包装的色彩接近人皮肤的颜色，最为特殊的地方是人们在触碰到包装时，触碰区域就会泛红，仿佛"害羞"一般。其设计原理是在包装外侧涂抹了热敏涂料，这种涂料会感知人们身体的温度并产生颜色变化，从而提升包装与人的互动体验，趣味性十足。

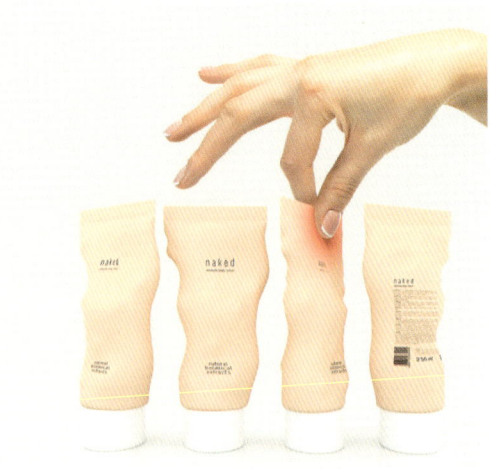

图7-3 "naked"交互式包装

【4】嗅觉设计

智能包装嗅觉设计是通过包装散发的气味向消费者传递某种信息。智能包装在嗅觉感官的设计上有两种方式：一是采用选择透过性材料锁住包装内香氛物质，确保打开包装后的留香效果；二是利用包装气味的变化映射当前产品的质量。比如对于植物来说，酯化反应通常是植物产生香味的原因，通过在选择透过性材料中加入某些酶控制植物酯化反应的速度，确保打开包装时的保味效果。根据目标和需求的差异，设计师可以选择相应的方式利用气味实现目标功能，增强用户的使用体验。

【5】混合设计

智能包装的混合设计方法体现为集多种设计方法的优势为一体，综合使用多种设计手段，以实现更多的功能。混合设计可以利用多种人体知觉设计，可以是材料智能和结构智能的混合、材料智能和数字智能的混合、数字智能和结构智能的混合以及数字智能、材料智能、结构智能三者的混合运用以增强包装的某项属性，实现包装功能的多元化。如在应用增强现实技术和虚拟现实技术时，可结合视频、动画的视觉设计与背景音的听觉设计，利用多感官的混合设计提升包装的使用体验，提高包装信息的传递效率的同时又具有一定的趣味性。混合设计的意义在于扩展包装的功能以增强包装体验感，需要设计师对各种设计手法均有一定程度的了解，并将其进行合理的搭配和组合以实现更好的效果。

7.2　智能包装设计的方法与步骤

针对智能包装功能与应用特点，其主要的设计方法包括"析""解""组""借""创"五个方面。

7.2.1　"析"

"析"是指对产品包装当前存在的问题的分析和智能设计需求的可行性以及智能方式的分析。即在进行智能包装设计之初，对社会情境、目标群体及其生活的特点与需求进行分析，在传统包装的基础上做出智能的改善，以解决人们在生活中使用包装时所遇到的问题。

首先，在智能包装设计初期主要针对消费者的以下几部分特征进行分析：一是对年龄的分析。根据年龄的差异将人群分为老年、中年、青少年与儿童，这些不同年龄的人在生理与心理上都存在差异。生理方面，年龄的增长会使人的生理状态趋向于由弱到强再到弱的发展。在儿童的时候，人的肢体发育处于初期阶段，在青年与中年时，各种生理条件达到最高峰，到了老年的时候人的生理状况又逐渐衰退。这种生理上的变化，使人们对包装的需求也存在差异，特别是在儿童和老年时期，因为生理上某些方面存在的不足，导致对包装产生特殊的需求，这种特殊的需求就是进行智能设计的出发点与落脚点。心理方面，从儿童时期的乐于接受新鲜事物，对周边的事物有着好奇心；到青年时人的心理出现叛逆或是对一些特定情节的喜好，这两个时期的心理认识是潜在自发性的、不受理性意识支配的；到中年的时候人的心理趋于成熟，人们普遍具有自觉和理性的思维；最后到老年的时候，随着阅历的增长，人们开始产生回忆与怀旧的自然性心理变化。这些变化都是进行智能包装设计时，选定智能方式的创意源泉与前提条件。在智能包装设计前期的人群分析中，需要做好使用人群的定位并针对某一特定人群类别的具体问题进行具体分析，以综合的眼光，有条理地分析出定位人群在包装使用上可能存在的问题以指导接下来的设计环节，具体可根据人的性别、职业、地域、生活习惯等来开展设计。

其次，针对不同的产品，设计师需要从产品本身寻找智能包装技术的切入点。产品本体的特征，决定了智能包装方式的差异。一般来说，产品本体性差异表现为物理性质的差异和化学性质的差异，有些产品还具有一定的特殊性。在物理性质方面，产品的不同物理状态如液态、固态（颗粒状、粉末状）、气态、胶状物会影响包装的材质、造型、结构、包装方式等。被包装产品的化学性质包括氧化性、还原性、可燃性等方面，包装需要保持产品化学性质的稳定，防止产品性状发生改变。产品的特殊性是指其在产出、存放、运输及使用过程中不同于一般产品的性质，如血液试剂需要恒低温运输和存放、某些药品需要避光放置等，对应的包装需要进行针对性的处理以保证产品性状不发生改变。保护这些产品的本体属性是包装设计需要满足的最基本要求，也影响了包装的智能方式以及智能特征。此外，鉴于产品自身实用特征及销售特征的不同，外包装在兼备文化底蕴的同时是否能成为为产品服务的功能性载体，也是智能包装设计需要深入思考的创意来源。包装设计往往与社会文化消费相辅相成，这是由于很多产品本身都带有一定的社会文化属性，如月饼属于中秋节礼品的属性、巧克力象征着爱情、年货象征着新年的气氛。这些气氛的营造，不仅会影响智能包装方式的选择，而且对智能包装的内容设计起着引导作用。

再次，智能包装的使用环境对智能包装设计而言也非常重要。这里我们将包装的使用环境划分为两个方面：一是应用环境，自然因素为主导；二是应用场合，人为因素为主导。应用环境是指包装在应用时所处的空间环境，包括各项自然因素，如温度、湿度、光照条件等。分析应用环境是为了获取某一环境下的各项自然条件数据，推测包装在该环境下存放、使用过程中可能出现的问题。例如，洗发水包装使用环境通常较为潮湿，使用者在使用过程中不能很轻松地拿握包装，因此要在洗发水包装上采用防滑设计，兼顾了产品在这种使用环境下的使用功能。除了获取温度、湿度、光照等常规数据，有时还需要了解所在环境的电磁辐射量、气体成分及含量、微生物活跃程度等数据，这些数据有助于预测包装在此环境中的存在状态以及预测是否有利于产品的保护及存放。在应用场合方面，对应用场合的分析是为设计师提供该场合下包装设计的方向指引，使智能包装营造出更为舒适的场合气氛。如在情人节这个特殊节日里，很多情侣和夫妻在这一天互相传递爱意、表达感情，因此针对情人节礼品的智能包装可以用来传递爱人之间的情感，通过智能语音、智能发光、智能开启等方式设计包装的使用体验过程帮助用户传递感情。

然后，在对智能包装设计的过程中，除了要对包装设计所强调的人、情、事、物、环境等一般层面的需求予以分析之外，还应注重对消费者与包装接触过程中一些特殊性需求的分析。例如，女性化妆品包装的设计（图7-4），此包装设计利用了一种智能材料制成的标签，该标签能随时间的推移而发生颜色变化，将标签置于包装上能更直观地提醒消费者注意使用期限，避免消费者继续使用过期产品而损害身体健康。可见，在智能包装设计过程中，除了对用户人群的特点进行分析，还应全面掌握不同消费者在使用过程中的各种需求，从而有针对性地完成智能包装设计的方案构思。

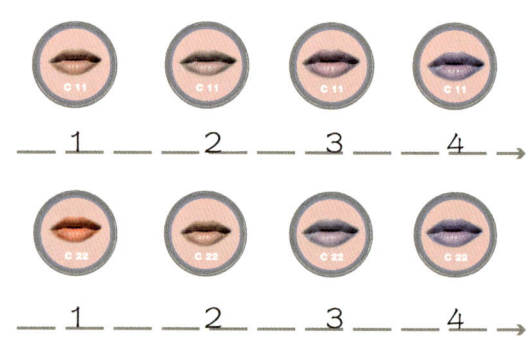

图7-4 指示性智能彩妆包装

1为产品原色，随着产品接近期限日期，会产生化学物质，使覆于产品底部的变色薄膜变为蓝色，起到警示的作用。

最后，智能包装是技术驱动型的包装形式，有效的技术支撑是智能包装得以实现的前提条件。因此，在设计过程中还要分析设计方案所使用的技术是否具有可行性，技术成本是否符合包装设计的基本标准，智能包装的生产是否存在技术上的不足（如良品率低）等问题。如果智能包装设计方案在技术的实现方面还不能切实地解决，那设计的包装就只会是"纸上谈兵"。

7.2.2 "解"

"解"主要是指对消费者在使用包装过程中的行为进行解码，并将这些行为分解为独立的步骤。因为人的行为由系列动作组成，在完成某种特殊需求的过程时，需要分解这些动作，才能在后续智能技术应用过程中寻找相应的技术与之对应。智能包装设计是通过智能技术去替代人的某些行为，但是人的行为过程是一个复杂的过程，这些复杂的过程如果想通过物的方式去替代，就必须先了解这些行为动作过程中的哪些行为具备可替代性。因此，必须分解每一个动作要素，然后进行分析。智能包装设计"解"的环节要求把包装设计看成是一个整体，同时，又要对这个整体进行分解。分解的目的是使最终的设计体现人性化和人文关怀。

如对老年人吃药这个过程进行行为动作的分解，可以解化成以下几个行为步骤："看时间"—"找出药瓶"—"拧开药瓶"—"倒出药品"—"数药品"—"吃药"，其中某些步骤是可以通过一些智能方式来替代的。例如，"看时间"这个步骤，可以用闹钟的定时原理去替代；"数药"可以用计数器替代；"开启瓶盖"可以用机械结构弹力弹开等。对这些行为步骤的分解是智能包装设计的第二个步骤。

7.2.3 "组"

"组"是指从行为步骤的分解中寻找可智能化的步骤，把相应的智能步骤与人的行为动作相对应，并进行一系列智能技术的重组与程式化。这一步骤具有双重含义：一方面是对解码后的行为步骤进行有针对性的选择，将其中某些反映和谐一致的行为步骤进行组构，使其形成相应的行为组件；另一方面是指在寻找可智能化的步骤的过程中，把相应的智能步骤与人的行为动作对应，并对运用智能技术的行为组件进行重组与程式化，使之形成依靠单一操作便能实施的综合智能组件。

"解"的环节是为"组"的环节进行的铺垫与准备，将消费者使用包装过程中的行为步骤详尽地分解出来，逐一思考，能帮助我们观察其中是否存在问题，分析哪些步骤可加以重组，并具有改进的可能，根据功能的需求，对可省略的行为进行删减。可以说，"组"的环节是把包装使用的复杂问题简单化。同样以瓶装药品的包装为例，人们取出药品的步骤通常有四个，即打开药瓶、倒出药品、清点药品数量、多余的药品放回。由于清点药品数量的过程中很容易造成药品污染，老年人也不易操作，这便是智能包装设计的着力点之一。经过对取药这一行为进行分解，会出现一系列的行为动作单体，通过选择性组合，最后形成关键性的行为动作。该行为的四个步骤可以缩减重组为"设置取出的药品数量"和"倒出药品"两个步骤，这两个步骤可以采用智能结构去完成，如设计一个按键型的自动化计数的药瓶，在用户设置好取出的药品数量后，轻轻一按就能自动倒出准确量的药品并自动关闭出口，降低药品污染的可能性，同时便于老年人操作。

7.2.4 "借"

"借"即借助自然界的某些普遍原理或者借助物理、化学领域的某些基本规律，通过对这些原理的智能组建，替代消费者在接触或使用包装过程中的某些行为步骤，从而实现智能包装中"替代人的行为"的核心功能。这个步骤是智能包装设计创意的关键所在。智能包装设计中很多行为的转化，都是基于日常生活中的细节，因而有必要将这些细节原理化之后，再予以转化利用。包括借助生活中常见的一些事物、原理，或是物理和化学知识，来实现自己的设计意图，最终达到"他山之石，可以攻玉"的设计目的。如图7-5所示是一款自动加热的智能快餐包装，该包装就是借助了材料的化学反应来释放热量，达到为食品自动加热的智能功能。该包装还兼具产品保质期提示和加热提示等功能，其原理是在包装的上盖贴有由变色材料制成的条状提示标签，商品条形码印刷在标签上部，同时在旁边标有食用警戒线。若食品在保质期内，标签上的条形码清晰可见，随着时间的推移，深色块开始向上扩散；当深色块将条形码完全淹没，则提示消费者食物已过期。这种材料和结构的组合设计，进一步完善了包装的功能。

又如在设计应急药品包装时，由于人的很多急性病症发病时间是不受控制的，在夜晚黑暗或者暗光条

图7-5　指示性智能化快餐包装

件下，人们可能因为很难找到药品的具体位置而耽误宝贵的急救时间。为了解决夜晚黑暗条件下急救药难以寻找的问题，我们可以从自发光材料中找到灵感。采用蓄光型夜光材料的包装能在暗光条件下发光来提醒患者药品的位置，帮助病患快速找到急救药品并服用。此类包装中也可以使用计量式结构，加速患者取出指定服用量的药品。这两种方式可以快速解决该群体在夜晚"找药、吃药"两个行为步骤，节省宝贵的急救药服用时间。

除了充分观察研究生活中常见的事物，还有很重要的一个步骤，就是寻找这些事物、原理与设计目的之间的关系，即临界点或最佳点。只有预先设想智能包装设计是为了解决什么样的问题，能够节省哪一个步骤，再与生活中的事物、原理相结合，借助一切可以利用的材料、技术、方法，明确设计意图，合理利用现有条件，才能达到事半功倍的效果。

7.2.5 "创"

智能包装设计中的"创"，即对智能包装形象的艺术化处理以及智能包装方式的创意与创新。上述四个步骤在很大程度上确立了智能包装设计方案的雏形，尤其是在结构、功用、材料使用等方面都已基本考虑完备。在此基础上，怎样采取艺术化的手段，在表现方式及表现效果上加以创新，创造出丰富多彩的智能包装设计应是我们要考虑和重视的地方。想要在发挥智能包装功能的同时，借形式体现内容并获得审美价值以形成"有意味的形式",就需要我们正确认识和掌握形式美的规律,运用造型、文字、色彩、图形、材料等要素结合视觉、听觉、触觉、嗅觉和混合设计来开创新包装形式,来满足现代人的审美与文化发展的需要。与此同时,还应追求包装设计中形式美与实用功能的统一、注重新材料新工艺的合理应用、强调商品信息的准确传达、关注消费群体的审美差异、注重包装设计形式美的整体性表达,并将包装设计形式美的民族性与时代性相结合,这才能使智能包装成为具有新的审美特征并与文化体验相结合的感性产品包装。

"创"除了体现在包装本体的艺术化处理,还体现在智能内容与方式上的创意与创新。对于数字智能包装而言,"创"主要体现在数字内容的创意设计以及如何联系包装本体与数字内容、创新人与包装的数字交互体验上。数字内容的设计通常包括图片、音频、视频、三维模型、H5页面、App或小程序交互界面设计、AR/VR/MR交互内容与场景的设计等。以这些内容为实现设计创意的渠道,来应对不同类型的产品及包装需求。包装本体与数字信息内容联结方式的创意设计可根据产品种类的差异选择,如以NFC芯片、二维码、AR特征识别图案等作为数字内容的入口,创新消费者与包装的交互行为。

在设计材料智能包装时,"创"也具有两种含义。本质上,材料智能包装的功能和形式是依赖不同性质的材料实现的,材料的多样性决定了各类型的材料智能包装所具备的特质以及功能形式存在着差异,如变色、发光、水溶、吸收或产生特定气体以及其他特殊功能等。第一种含义是指借助材料实现包装功能的创意设计。需要了解所用智能材料的性能、特质,并对使用人群的行为习惯和环境状况进行比对分析,最终采用适合的材料、巧妙的表现形式来实现特殊的包装功能。第二种含义是借助材料实现包装动态图形的创意设计。利用材料自身变化的特点,找寻适当的、形象的、有意味的颜色和图案,借助这些可变因素的变化规律实现信息的美化、指示和传递功能。

在设计结构智能包装时,"创"同样可以从两方面进行:首先,把握结构本体能否实现智能包装特殊的功能性;其次,把握结构能否成为驱动智能功能设计的关键环节。比如在障碍式结构智能包装中,通过在包装的开启方式上设置障碍控制包装的开启难度,进而去限制防护对象的开启行为以保护其安全,这是利用对结构本体进行创新来实现包装的特殊功能。而在驱动加热式结构智能包装中,其创新主要是通过结构设计驱动自加热技术有效并稳定地完成加热过程,具体表现在利用拉拔式、旋转式、震动式或是感应式等驱动方式设计上。

值得一提的是,我们在设计智能包装时,"创"的内容和来源往往不是基于某一确定的智能包装类型,更多的情况是从混合设计的角度结合多种智能包装的特性进行设计,从而实现更多的功能或达到更好的效果。

7.3 智能包装的设计原则与设计评价

智能包装设计是人类社会发展,特别是人类自身发展的一种体现与要求。人类面对客观事物和实践活动的发展有着复杂的思维过程,它指导人们调整当前的认识和行为,并积极地开拓未来。智能包装作为未来包装发展的重要方向,促进了越来越多先进工艺技术和优质的材料的运用,包装与智能技术相结合,能更加多元化地体现包装设计的新概念。

7.3.1 智能包装的设计原则

智能包装的设计方法与传统包装的设计方法在诸多环节上存在较大差异，设计师需要关注两者在设计方法上的明显差异，以快速适应智能包装设计的流程步骤。基于此，我们在设计过程中还要注意以下几个方面。

第一，智能包装本质上是以人为本，目的是解决人们日常生活中在使用包装时所遇到的问题或提供更为优化的使用方案。智能包装设计是人类社会在长期发展中，打破设计的常规性而衍生出来的对高端包装需求的解决方式。人的这些需求不仅是智能包装设计的出发点，同时也是评判智能包装方案好坏的依据，因此智能包装在设计的整个过程中都要时刻把握人性化的原则。

第二，智能包装的设计要注重包装与人的互动性。互动性是智能包装与传统包装在包装使用环节上的重要区别，传统包装的设计总是以产品即被包装物为设计出发点，而智能包装更重视人们在使用包装过程中的使用体验，这种体验集中在包装和人的交互行为上。因此，如何提升这种交互行为的体验，拉近包装与人的关系，成为智能包装设计的要求之一。

第三，智能包装应在满足必要功能及需求的前提下，保证成本的合理性。由于采用智能包装的形式往往会增加产品成本而影响产品本身的定位和定价，也会影响产品受众群体的购买行为，成本问题是智能包装推广和应用中一个不可避免的问题。所以，我们在进行智能设计过程中，对成本应该有一个合理的规划。如果是本身价值含量低的产品，使用智能包装形式可能带来的是成本剧增，这种情况便不再适合采用智能包装，除非使用智能包装技术能使该产品价值也能得到相应的提升，从而符合其成本的提升。此外，智能包装形式也可能会提升消费者的学习成本，降低消费者购买欲。所以对某些包装来说，消费者的学习成本也应作为成本合理性判断的一个依据。

第四，智能包装是技术驱动型的包装形式，因此智能包装的设计要注重高新技术的融合与应用。我们已经知道，智能包装的设计涉及理学、工学、艺术学等众多学科的知识，因此，不仅要求设计者具有国际化的视野和开阔的知识面，善于利用各种技术于包装之中，还要把握好包装与各种技术的平衡关系并进行灵活运用。不仅如此，科技的不断进步以及新型技术的不断涌现必将会给智能包装带来新的解决方案和表现形式，重视新技术的发展与应用将会是智能包装不变的追求。

第五，智能包装设计在表现形式上应具有一定的艺术性。一方面，智能包装不仅是工业时代的产物，更是设计师设计思想的传达介质，需要打破工业产品带给人的距离感，同时注重人们的审美感受；另一方面，随着人们生活水平的提高和审美品位的上升，富有艺术性的包装设计更易吸引消费者的关注，并匹配受众群体的观感要求。因此，智能包装在设计时也应注重形式的艺术化表达，而不是作为一种单纯的技术产物。此外，智能包装设计还应充分考虑消费者的文化与价值取向，在传统文化中挖掘其合理方式，以体现历史的延续性和文化的传承性。智能包装作为一种手段，应该成为我们更好地继承中华传统文化的手段，而不应成为消亡我们民族文化的利器。

7.3.2 设计方案的验证与评价

在完成设计方案之后，设计师还需要对当前的方案进行验证和评价。此项工作的意义在于总结出当前设计方案的优势与不足，为接下来的设计改进与优化做准备。智能包装设计评价的角度主要有五个，分别是效用评价、效益评价、市场评价、用户体验和环境评价，每个评价角度的侧重点不同，综合起来才能较为全面地验证本次设计方案。

(1) 效用评价

智能包装的效用评价主要体现在智能包装设计方案相对于原始包装在产业链过程效率方面的提升。如是否提高了企业的生产和管理效率，是否有利于包装在产业链过程中的平稳过渡等，这都需要和原始包装进行比较之后才能得出结论。效用评价作为一种以效率为基础的评价手段，是判断智能包装方案实现效果的重要依据。

(2) 效益评价

效益评价是判断智能包装方案是否有助于企业发展的重要指标。这里的效益可以从两方面考虑，第一是经济效益，第二是品牌效益。就经济效益而言，智能包装方案所带来的利润与其成本投入的比值相对于以往包装而言更高并达到预期的希望值，则在一定程度上说明智能包装方案的可实施性，反之则不然。品牌效益也是对效益评价极具参考价值的因素，若智能包装方案有助于树立品牌形象，有助于提升企业的品牌价值，则品牌效益也会相应地提升，并能在一定层面上反映该设计方案的可行性。

(3) 市场评价

市场评价是判断一个方案是否满足市场需求、是否顺应市场发展的评价标准。市场需求和人群需求密切相关，在调研分析过程中统计的目标人群需求是极具参考价值的评价依据。在顺应市场发展方面，智能包装设计方案与传统方案的差异变化不宜过大，因为差异过大可能会影响市场接受度以及增加用户的学习成本，所以阶段性推进包装优化和改进是更可靠的解决方式。

(4) 用户体验

用户体验的评价是判断该设计方案是否容易被消费者接受以及方案设计是否成功的重要依据。对于用户体验的评价，首先需要判断的是该包装是否满足了目标消费人群的使用需求，其使用体验是否符合使用习惯，是否减少了用户在包装使用过程中的操作步骤等。这些条件的判断依据和标准可以从我们前期的分析结果中寻找，进而对此次设计方案做出评价。对于消费者使用便捷性的评估可以通过分解包装使用步骤的数量、将每个步骤的使用时间制成图表等方式，来清晰明了地展现当前智能包装方案相对原包装的改进情况。此外，为了满足更多人的需求，体现人性化的设计理念，包装设计也要尽量照顾到残疾人、老年人等其他弱势群体的需求，这也是用户体验的评价标准之一。

5 环境评价

在绿色设计的趋势下,智能包装同样需要满足绿色设计的要求,环境友好型的、绿色可持续的设计方案才是更值得倡导的包装方案。从环境评价的角度,首先应判断该智能包装方案中所使用的材料是否环保,智能包装应首选可降解的智能材料。其次,判断加工方式是否环保,应尽量避免耗能高、排放大的加工方式。再次,判断管理模式是否环保,包装的管理以数字信息管控方式消耗的人力物力最低,也是最提倡的管理方式。最后,判断包装废弃物的处理方式是否环保,表现在包装废弃时,应尽量减少对环境的破坏,避免有毒污染物及其他污染物的沉积。

以上的通用型设计方法是面向大部分智能包装的整体设计思路,但对于不同类型的智能包装的设计还需要进行相应的调整和变化。值得注意的是,设计的方法不是一成不变的,智能包装设计方法需要随着技术的迭代以及时代的变化及时更新和改进,这也就对当代包装设计师提出了新的要求。当代包装设计师不仅需要时刻把握包装行业最新的资讯,同时也要了解最新的能够在包装上运用的跨学科智能技术,并将其融入智能包装设计之中。

第8章
智能包装设计的问题与趋势

8.1　智能包装设计存在的问题
8.1.1　技术研发问题
8.1.2　成本问题
8.1.3　受众接受力问题
8.1.4　标准化问题

8.2　智能包装的发展趋势
8.2.1　产品化
8.2.2　多元化
8.2.3　艺术化
8.2.4　绿色化
8.2.5　标准化
8.2.6　人性化
8.2.7　效益化

智能包装是在20世纪末才提出的概念，它是一种新的包装理念、新材料、新技术的集合产物，作为一个新的领域，智能包装在发展过程中面临着许多问题，未来智能包装的发展也依然存在一定的挑战。

8.1 智能包装设计存在的问题

从原始工具的发明到如今人机工程学的研究与使用，从电脑的发明到方便快捷的系统与各种功能电脑软件的使用，使用对象变得越来越人性化，而同样作为使用对象的智能包装，未来的发展也要更多地考虑人的使用因素。我们对未来包装新功能的要求也可以理解为人们对包装新功能的期望，怎样使包装更安全、更舒适、更方便、更高效是未来包装的要求。智能包装是多元化的，人们希望未来的包装不再是单调的、冷冰冰的，而是富有激情，能赋予人无限的思考，从而使人与产品更好地产生共鸣。如此一来，在设计智能包装时，不能再用狭隘的思想去考虑包装，而应思考如何结合当前包装所产生的问题以及人们对未来包装的期望，将新的包装技术、生理学、心理学等思考融入包装设计中，从而优化包装体验，使之更加具有人情味。因此，在智能包装设计时仍存在以下四个方面的问题。

8.1.1 技术研发问题

与西方先进国家和地区相比，我国在智能包装的技术研发、包装实践等方面起步较晚，企业在包装技术应用理念上的滞后，这些都在无形中影响整个包装产业的智能推进。立足于技术角度，我国对智能包装的材料研究稍显不足，如对尼龙、聚丙烯、聚乙烯等原料的应用研究不够，很多包装原材料依赖进口，从而制约了它们在包装上的实践应用。对智能材料色相变化的准确度与多样性等方面的研究也存在较多不确定性，延缓了材料智能包装的发展。对智能包装中RFID技术、播放设备片状化、芯片微型化等数字硬件技术的研究与应用缓慢，对数字智能的包装发展和模式推广造成了阻碍。同时，我国专业从事智能包装技术研究的人才短缺、研究设备落后、实践经验不足，社会以及包装设计人员对智能包装研究的重视程度不够也造成了智能包装发展停滞不前。另外，除了少数大型企业的包装设计团队具备较强的科技研发能力之外，大部分企业对智能包装的科研投入较少，往往只追求短期效益而忽视技术研发的投入，使我国智能包装的科技研发之路阻力重重。

8.1.2 成本问题

智能包装在科技研发、生产制造、投入应用等层面成本过高，也是影响我国商品包装实现智能化的重要因素之一。在我国，虽然对智能包装这一理念的认识时间较早，但市场化运作一直难以快速推进，这与智能包装的科技研发、设计投入过高密切相关。造成智能包装技术成本过高的因素主要体现在三个层面：a. 智能包装实现的过程是在传统包装的基础上，增加智能技术模块，从而直接造成这部分包装成本投入的增加；b. 在智能包装生产的过程中，需要全面更新前沿技术设备，势必会扩大投入成本；c. 研发过程缺少设计标准和规范，增加了企业的研发应用投入，造成许多资源的浪费。这一系列的问题导致智能包装的成本过高，制约了企业推广应用的积极性。

8.1.3　受众接受力问题

众多消费者与企业对智能包装技术了解甚少，影响着我国商品智能包装的推广和应用。一方面，在大多数消费者认知中，包装是内装商品的附属品，仅起到保护商品、方便运输、促进销售的作用，不具备其他的特殊性功能。智能包装的多功能意味着高消费，致使消费者不愿尝试。另一方面，对企业而言，部分企业缺少科研投入，只追求短期效益，往往将包装成本压缩至最低，担心采用智能包装会导致包装成本的骤增，忽视了智能包装所带来的附加效益。因此，对智能包装的接受与发展推广需要个人、社会、国家的共同努力，是一个长期的认知学习过程，这也需要更多研究者去研究一种智能包装推广与企业经济创收的共赢模式，加快智能包装发展的进程。

8.1.4　标准化问题

由于智能包装在我国的发展年限较短，设计与制造标准缺失，最终导致包装向智能转型的过程受到阻滞。包装标准是指为保障物品在贮存、运输和销售中的安全和科学管理的需要，以包装的有关事项为对象所制定的标准。现有的包装标准是根据实际经验，对包装的用料、结构造型、容量、规格尺寸、标志以及盛装、衬垫、封贴和捆扎方法等方面所做的技术规定，从而使同种、同类物品所用的包装逐渐趋于一致和优化，以取得良好的包装效果。由于现有的包装标准仅针对传统商品包装，并不能很好适用于智能包装，导致智能包装在材料、规格、造型等方面没有一个可以参考的依据，阻碍了智能包装的标准化进程。

8.2　智能包装的发展趋势

8.2.1　产品化

随着智能包装的不断发展与完善，现代智能包装被赋予了传统包装所不具备的大量特殊功能，这些包装从设计之初就展现出产品的功能性特征。传统包装在设计中，着重考虑的功能需求为安全运输与盛装结构合理，这两个功能都以产品使用前为重点关注阶段。一旦产品被消费者购买并使用，传统包装的功能性便会遭到不同程度破坏与削弱，随后包装就会被作为废弃物处理或者粗放回收。智能包装设计与这一类传统包装有着本质区别，其设计主要以产品功能的延展与强化为出发点，赋予包装更多新的功能。这种包装的新功能化趋势使包装作为副产品逐渐融入并成为产品结构的一部分，吸收和强化了被包装物的产品功能。

具体而言，智能包装的产品化趋势主要表现为以下三个方面。

一是智能包装延展和强化了被包装产品的功能，使包装设计更具使用价值与功能价值。智能包装随着新技术的发展普及而被应用到了许多普通包装的设计中，这些新技术带来的新功能使包装成为具备了强大功能的"产品外延"。例如，在食品领域的众多智能包装中，利用活性材料制作而成的外包装就承担了检测食品质量安全的重要功能，这种安全检测功能的包装设计与传统包装有着巨大差别，它们作为包装不再是简单的盛装包裹，而是具备了强大功能的产品"外结构"，成为产品不可分割的一部分。

二是智能包装生产的标准化特征逐渐增强。设计的标准化是工业革命以来工业化大生产的核心要求之一，表明了智能包装设计与生产的产品化趋势。新技术应用虽然使智能包装的功能不断增强，但是不同技术在包装领域的广泛应用的同时带来了市场生产与竞争的混乱。随着企业对智能包装研究经验的积累，最终也会促成智能包装的标准化与规范化，这种技术应用的标准化与规范化也使智能包装设计更具现代工业产品的生产特征，产品化趋势发展已势在必行。

三是智能包装设计的人机交互性特征逐渐增强。这种具有良好信息反馈功能与产品状态控制功能的包装，越来越趋向于现代工业产品的评测标准，成为包装设计产品化趋势的有力旁证。在优秀的现代产品设计案例中，人机交互的优劣是评判产品好坏的标准之一，因为好的工业产品总能让使用者清晰明了地了解和掌控产品状态，而现代智能包装设计具备了产品设计的这一特质，可以让使用者及时掌握产品的状态信息，避免错误使用。

从本质上来说，智能包装的产品化趋势，是现代商业社会的必然趋势，因为包装作为产品生产商盈利的一个部分，其功能、产品成本、生产技术等要素必然会随着商业社会的不断调整而逐渐成为工业产品生产组成部分之一，这种商业化的本质需求必将引导智能包装的设计逐渐走向产品化。

8.2.2 多元化

由于市场需求的多元化及部分消费者对包装的特殊要求，智能包装形式的多元化是一种必然趋势。未来智能领域的多元化发展趋势主要表现在以下三方面。

1 建立在需求多样化基础上的智能包装类型的多元化

随着人们物质生活水平的提高，其需求也逐渐发生了变化，从最原始的解决温饱问题，逐渐上升到自我价值实现的高层次多元化需求阶段。这些多元化的需求，促使人们对设计物的形式与功能都有了新的需求，在包装领域也不例外。传统的包装形式以及前期一些常见的智能包装形式与类型将不能满足人们日益多样化的需求，在这种前提下必然会出现一些新的智能包装形式与类型来满足这种多元化的需求。

(2) 建立在智能包装技术和材料研发基础上的多元化

未来智能包装领域的研究，在技术和材料的研发上还会不断地成熟和深入，将会有更多的新技术与新材料出现。这些新技术与新材料必然会丰富智能包装的硬件基础，基于此，智能包装也将会呈多元化的趋势。另外，在未来跨界设计的时代，学科间的交叉也会不断紧密，涉及智能包装的设计学和材料学两个学科之间的相互交叉，促使设计与材料技术相互促进，更多的材料与技术在设计的需求下被不断研发出来，最终体现在智能包装的多元化上。

(3) 建立在设计深化基础上的智能包装形式的多样化

随着智能包装设计在行业中的广泛推广，将有更多的设计工作者投入到智能包装设计的工作中，智能包装设计市场将更加细分，更多的智能设计与制作公司也将随着市场的需求不断涌现。在这种快速发展的趋势下，智能包装的形式也会不断丰富，对智能包装技术的运用及二次设计也会不断加强，如不断完善和深化的保鲜智能包装设计，早期的保鲜智能包装就已经出现了采用新鲜度指示剂的条形码，随着保质期的临近，条码中的白色部分便逐渐变黑，直至完全变黑无法扫描则表示产品已过期，是一种保障食品安全的包装形式。但从包装在销售中所反馈的情况来看，条码变黑的状态类似印刷错误或油墨脱色的效果，单一的条码形式也不能反映产品特色。随着设计的深化，此类保鲜智能包装的形式也将得到拓展，如"生鲜牛肉"保鲜包装设计，将条形码轮廓大胆演化成牛的剪影外形，在提高产品识别度的同时，更是对早期单一设计形式的拓展与发散。

8.2.3 艺术化

就目前来说，智能包装基本上仍处于技术研发阶段，行业内在智能包装艺术设计方面的探索还比较有限，但是其艺术化又是必然的。因为纯技术的表现方式往往显得单调和"枯燥无味"，智能包装表现形式的艺术化则能够以一种更为生动形象的方式展现其功能或效果，提升包装信息的易读性，方便消费者认知和使用包装。智能包装表现形式的艺术化主要表现在以下几个方面。

首先，智能包装母体造型与形式的艺术化。这个部分与传统包装的艺术化表现基本相似，主要是通过艺术化的图形、色彩、版式、字体、造型等基本视觉元素实现包装外观的艺术化。但与传统包装不同的是，智能包装外观的艺术化，还受所用材料、技术的限制，比如变色标签的颜色，并不像作图软件一样，可以随时进行颜色的选择与应用，而是要从材料本身所存在的颜色范围中选择。

其次，除了上述外观视觉上的艺术化之外，智能包装以动态表现为主，在设计中除了静态元素设计的艺术化，还要实现智能包装设计变化过程的艺术化。变化过程的艺术化包括变化临界点的巧妙选择与变化过程中各场景的视觉形象的艺术性。例如，智能发光包装的设计，不仅要注重包装在发光时的艺术性效果，同样也要注重包装在不发光状态下的艺术效果，更要注重包装在发光过程中变化的艺术效果。

最后，智能包装内容的艺术性。智能包装与传统包装一样涉及所要传达的信息。这些信息的内容，同样需要做艺术化处理。例如，智能语音包装具备语音功能，无疑与传统意义上的包装不同，但是在应用过程中，假若只是简单地将语音播放技术与包装体结合，那么其发挥出来的作用将十分有限，这种形式也容易让消费者感到厌倦。因此，可以一方面利用语音包装的技术优势，巧妙地将语音内容艺术化，以不变的技术应对万变的包装形式；另一方面则是强调人文关怀的诉求，将艺术化语音内容的设计开发纳入到智能语音包装设计研究的方向中。

8.2.4　绿色化

智能包装是在原有包装上加入新的材料或者元件等附加物来实现其智能功能的。特别是目前市面上出现的一些智能包装，由于技术的限制，在包装上加入了很多新的组件，给分解和回收带来很大困难。智能包装较之传统包装有两个特点：一是智能包装往往采用多种材料复合而成，如金属与塑料的复合，其中的可降解与不可降解部分，可回收与不可回收部分交织在一起，在我国废品处理能力并不完善的情况下，很难进行有效回收和利用；二是智能包装中的智能芯片属细小部件，如果与外包装统一处理，其中的砷、汞等元素将与电子垃圾一样会对人体产生巨大危害。另外除了材料本身，包装材料中常用的各类添加剂和油墨等也成为绿色化的阻碍因素。在绿色化趋势的大环境下，智能包装应利用材料可降解化、结构最优化、层次精简化等方法，在技术和设计上达到减量、再生、可降解、持续循环的要求。基于智能包装本身的特点以及行业发展的要求，必然会出现以下几个方面的趋势。

首先，材料使用上要趋向同一化。当前的智能包装设计中，多种材料混合交错使用，往往会形成一个结构复杂的包装或部件。现代材料加工技术使同种材料也可呈现出不同的物理性状，如塑料有软塑料和硬塑料之分，通过高分子异性混溶复合技术，把天然纤维或玻璃纤维与不同种类的塑料（PE、PP、PVC等）进行复合，可以达到非常高的机械强度。

其次，提升材料的使用效率和耐久性。传统商品包装的用材绝大部分都不能满足重复使用的要求，而在智能包装产品化的趋势下，包装的主要材料如塑料的保质时间和机械应变能力得到关注，很多国家在这方面展开了研究。如美国的Mayer带领的团队就利用新型聚合技术实现了塑料的耐久性和弹性突破，使塑料获得更佳性能的同时，也在一定程度上延缓了塑料废弃的周期。

最后，数字硬件的回收与利用规范化。芯片等电子元件是智能包装中对人体危害最大的部件。对于含有智能芯片和其他电子元件的智能包装，在设计时常将芯片压合于其他材料之间，当包装使用完毕后，消费者无从察觉，也无法对其分类。因此可在设计过程中注明相应硬件位置，并设计特定的指示回收说明，以便包装废弃时单独处理。

8.2.5　标准化

从长远角度看，智能包装作为一种完整的现代包装设计概念，必将随着新市场运营模式与新技术应用手段的不断成熟而变得规范化。这种规范化趋势可以使智能包装的技术应用手段与技术应用程度逐步实现标准化，因为只有相对标准的技术应用规范与技术成本投入，才能使商品包装更具安全性与利润空间，这也是现代包装生产企业所追求的主要目标。

随着更多的科学技术应用于智能包装中，赋予了其更多智能功能，使智能包装的信息传达内容与表现方式更为丰富，声音感应、光照感应、智能发光发声、数字智能、材料智能、结构智能等智能技术会更加紧密地应用于包装产品的研发当中。然而，这种智能包装技术的随意使用可能会造成技术的混乱以及导致智能包装偏离正确的发展轨道，陷入无穷尽的技术叠加与枯燥应用中。因此，智能包装中涉及的技术应用规范必将逐渐变得标准，只有拥有了统一规范的技术应用方式与应用规范，才能将包装设计的发展合理控制在人性致用与绿色环保的正确大方向中。

　　智能包装设计作为一种新的包装形式与包装概念，如果要进行大范围普及应用并从根本上为生产商提升包装产品的商业价值，必然要对设计中使用到的现代技术和涉及的技术参数进行标准化与规范化限制。目前，国内的智能包装设计还没有进行大规模实践环节的实用性测试，也还未接受市场运营模式下的商业化检验。因此，智能包装仍将在较长的一段时期处于设计实验与小规模普及推广状态。2010年以苹果手机为代表的现代统一制式工业产品，将现代设计简洁实用的设计精髓发挥到了极致。智能包装作为具有先进技术支持的功能性包装设计，同样能够借鉴现代工业设计中简洁实用的设计特征，精简设计细节，强化包装设计的实用性和可循环性。比如，将部分同类产品包装进行规范化设计处理，或将智能包装的技术标准规范化，这样才能降低包装设计的成本，引导包装市场的良性竞争。未来智能包装的规范化与标准化设计趋势必将成为生产商提升利润和实现低碳环保的必然条件。

8.2.6　人性化

　　智能包装的设计本质上是以人为本。因此，是否进行智能包装设计应该建立在消费者需求的基础之上，并不是任何产品都适合智能化包装。智能包装设计是在人们长期对包装需求的过程中，衍生出来的一种高端需求方式。因此，智能包装的存在与发展都必须建立在人性的存在与人类的发展基础之上。作为智能包装的主要趋势，其人性化发展表现在宏观与微观两个方面。

　　其一，宏观层面下，智能包装设计需要体现人性关怀。一方面，智能包装应对老、幼以及残障人士进行人性关怀设计，使包装具备特殊的辅助功能帮助这类群体改善生活品质。例如，对盲人来说，智能语音包装的出现，可以很好地解决盲人视障的问题；对老年群体来说，智能药盒的出现，可以解决老年人忘记吃药、不能正确吃药的问题；对儿童来说，安全型结构阻碍药品包装，能够解决儿童误用药的问题等。这些需求的存在，为智能包装的发展提供了很好的方向，所以我们在智能包装设计中，要紧紧围绕这些特殊人群的需求，进行智能形式的开发，更好地实现智能包装设计的人性关怀。另一方面是指智能包装还需要改善人的生活方式，缓解人与自然的冲突，减少环境污染。设计作为一种创物手段的同时，也兼顾着创生（生活方式）和创和（和谐环境）。我们在智能包装设计过程中，可以结合目前人类社会存在的一些现象，发现问题，结合智能包装的功能优势，进行多形式设计，开发出更多能改善人类生活方式，减少环境污染的智能包装设计。

　　其二，微观层面下，智能包装应加强对技术与艺术的合理化应用，改善包装的操作流程，加强人与包装的互动体验。由于智能包装仍处在发展初期，部分包装设计师缺乏对智能包装的了解，对智能包装中应用的技术原理和实现方式一知半解，而工科技术人员缺乏对艺术的美感和设计能力，导致智能包装的技术与艺术很难完美融合。智能包装在下一步的发展过程中，应更加注重人与包装之间的关系，使包装更加符合人的认知习惯与使用习惯，注重设计细节的研究，将技术原理更加合理地运用到设计中去。例如，智能发光包装，我们要对发光的时间点、形式等方面与人在使用过程中的需求紧密结合，设计出更加符合人类视觉习惯的包装,而不是一个包装与灯泡的简单结合体。材料智能包装的未来设计,不是简单地在包装上贴几张会变颜色的标签,而是通过设计,将标签上的变色原理与人的视觉喜好相结合,设计出更多具有人文关怀的艺术性变色包装。

8.2.7 效益化

在商品经济中,按经济学原理,无论是采用传统包装的形式,还是采用智能的形式,包装作为商品的附属物均应在满足功能、便于使用的前提下,尽可能实现投入成本与产生效益比值的最小化。智能包装作为包装的一种形式,目前来说其成本问题仍然不可小觑。由于智能包装的技术不成熟,其成本构成不仅包含了包装材料本身的成本,还包括智能包装的研发成本和在使用过程中消耗的部分成本。因此,按照目前市面上的包装成本来看,智能包装的成本相比传统包装的成本要高出1~2倍,这使智能包装在很多常用包装设计领域的应用中受到阻碍,导致智能包装的推广存在着一定的难度。

实现智能包装的效益化,并非追求绝对成本最低,而是在实现不同附加值的前提下实现相对成本最低化。可以从以下几个方面入手。

第一,在智能技术方面实现模块化开发,保证核心模块不变的情况下,尽量多元化开发可变模块,在总成本增加的基础上,减少个体的平均成本。智能包装的技术研发成本在总成本中占用的比值比较大,这个部分的成本是一种不可变成本,也是智能包装发展过程中必须投入的成本。智能技术并非单个技术,而是多种技术的集成,这种技术通常成模块化。其中包括核心技术模块和一些辅助效果实现的子模块。核心模块决定着智能包装的实现,比如说某些数字智能包装中的中央处理器模块,这个部分模块是不可变的;而一些实现表现形式的模块,比如说智能发光包装中的发光装置,这种装置可以根据需要进行更换,来实现不同的效果。因此,我们可以在设计研发中,保证智能包装中的核心模块不变,寻找和开发不同形式的子模块,来降低个体的平均成本。

第二,加大设计方面的成本投入,在技术研发总成本不变的前提下,实现设计的多样化,开发更多形式的高附加值产品包装,能够实现效益最大化。在智能包装发展道路上,设计是实现包装效益化的核心。因为改变智能包装技术成本投入的空间有限,但是利用恒定的技术母体,改变设计形式,空间非常广阔。比如,智能材料中的变色指示剂,同样的材料或者指示原理,我们可以在设计的形式上做变化,设计出很多具有艺术性和趣味性的变色标签,使这些标签在实现其功能的基础上,还可以产生一定的视觉效果,增加其附加值。同一技术的使用形式越多,其个体的平均成本相对也越少。

第三,对产品包装进行准确定位,在智能包装形式巧妙运用的基础上,实现智能包装应用多领域化。目前智能包装虽然在技术上不断成熟,但是由于技术与设计的脱节,导致技术人员不知道应该怎样设计,而设计人员不知道智能技术指标,使其对技术的应用受到阻碍。例如,水溶性材料最早的研发与使用已经相当久远了,但是这种材料具体被应用到包装领域还非常有限,目前应用较多的就是种子包装、洁厕灵包装。

除上述发展趋势外,为了辅助未来智能城市的建设和发展,智能包装还应与新零售、无人超市、共享包装等新理念和新兴事物相结合以实现共同发展和进步。新零售是指应用互联网先进思想和技术,对传统零售方式加以改良和创新,以最新的理念和思维为指导,将货物和服务出售给消费者的活动。智能包装与新零售理念的融合,能够进一步借助互联网的优势,推动资源优化配置,提升用户体验,改善消费者的消费环境并提高物流效率。无人超市是销售方式的新型探索模式，不仅减少了人工成本的投入，而且无人超市的商品通常是针对一定的消费群体经过大数据筛选所得，便于更好地服务于消费群体。智能包装在无人超市中的应用能进一步推动无人超市的精准营销，便于消费者查看和了解商品信息，缩短消费者选择和决策的时间。共享包装是最近几年才提出的新的包装概念，是减少包装浪费、推动包装绿色环保发展的新型包装形式。智能包装与共享包装的有机结合则进一步提升了共享包装的实用价值，使共享包装具有智能的属性，以更好地适应人们的实际需要，也方便配合新零售和无人超市的发展。总的来说，如何与这些新领域和新理念进一步融合已经成为未来智能包装研究的重点探索方向。

第9章
智能包装设计的应用实例

9.1 智能可降温式口红包装设计
9.1.1 智能可降温式口红包装设计背景调研
9.1.2 智能可降温式口红包装设计构思
9.1.3 智能可降温式口红包装具体内容设计
9.1.4 智能美妆管控 App 功能简述

9.2 Wi-Fi 智能安全药品包装设计
9.2.1 Wi-Fi 智能安全药品包装设计背景调研
9.2.2 Wi-Fi 智能安全药品包装设计构思
9.2.3 Wi-Fi 智能安全药品包装具体内容设计

本章节以"智能可降温式口红包装设计"与"Wi-Fi智能安全药品包装设计"为例,进一步讲解智能包装技术在不同产品包装领域所发挥的作用及其具体设计呈现方式。

9.1 智能可降温式口红包装设计

9.1.1 智能可降温式口红包装设计背景调研

随着人们生活水平的不断提高,大众越来越注重自身的外在形象,对于年轻女性来说更是如此,化妆品已经成为当代女性群体消费清单中较大的支出项之一。据中国日用化学工业信息中心的数据统计,2019年国内化妆品市场规模同比增长7.85%,达到4260亿元。在化妆品类中的彩妆市场呈现出高速发展的状态,口红增长尤为迅猛,据天猫平台2018年的数据统计显示,该平台口红的销售额增长量占据首位,同比增幅达97%。在化妆品需求量与品牌厂家数量激增的背景下,提高产品质量与使用体验成为各个品牌之间抢占市场,克敌制胜的法宝。

女性在外出时一般都需要随身携带化妆产品,防止在饭后、天气炎热等情况下出现脱妆、晕妆、花妆等尴尬状况出现,其中口红是必备的化妆品之一,因为在吃饭与喝水过程中嘴唇与器物接触时口红很容易被沾染脱落,这时就需要及时补妆,重新擦涂。口红的主要成分为油脂、蜡以及色素等易融成分组成,一旦长时间处于高温环境中很容易融化断裂,在使用时口红涂抹的区域、厚度也难以控制,导致口红被大量的浪费,让消费者既承受了不必要的经济损失,也降低了产品原有的使用体验。除此之外,口红在较高温度下很容易滋生细菌,一旦这些细菌与口腔内的黏膜接触,侵入人的体内很有可能会引发各类疾病,用户的使用安全将难以保障。基于上述问题,本设计实例以口红受热易融化的特征为切入点,以某品牌口红为设计对象,解决口红因融化造成浪费、品质改变等问题,由此展开设计构思与创作。

9.1.2 智能可降温式口红包装设计构思

口红固态的保存温度一般为25℃,一旦高于这个温度就会变软融化,若想保持正常的使用状态,就必须将口红保存在阴凉的环境中。基于这个特点,该设计将冰箱制冷与保温杯保温原理相结合,先将口红温度降低后,再把储存温度保持在一个适宜的范围内。在结构上,内包装的盛装与降温功能采用分离式设计(图9-1),外包装增加了日常收纳的功能,同时为用户附带了溯源鉴真与美妆App增值服务项目。

图9-1 整体效果图

9.1.3　智能可降温式口红包装具体内容设计

【1】智能可降温式口红外包装设计

　　口红外包装在造型上采用了方形盒体设计，一方面节省了包装用材与储运空间，另一方面方便用户外出收纳内包装，在包装盒的棱角处做了大面积的倒角处理，既提升了产品包装的品质感，也符合女性高雅柔美的气质与口红丝滑温润的产品特点。包装整体结构设计上借鉴了传统的扣盖式结构，包装侧面手指上下把握开启的区域，分别设计了防滑的下陷凹槽与凸起的波浪结构，在开启时起到防滑与助推的作用（图9-2）。放置口红的内包装为压模成型的缓冲槽结构，更好地贴合了包装自身的造型，包装的缓冲性与稳固性得到了进一步地加强。包装材料选用时下流行的环保纸浆模塑材质，其自身结构有着良好的抗压性与抗震性，不易被挤压变形，同时，纸浆模塑可以二次回收再利用，相对更加环保。包装装潢设计上，外包装的插画以"冰雪的海底世界"为主题，以海底"精灵"与各类海底生物为设计元素，以银色与白色作为画面的主色调，给用户营造出冰雪世界冰爽清凉的氛围。字体使用了细黑体，并在笔画转折处做了圆角处理，来配合本次设计主题。整个外包装盒子握在手中，宛若一个可爱的"雪宝宝"，令人爱不释手，产品的卖点淋漓尽致地体现在每一处细节之上（图9-3）。

图9-2　外包装效果图（1）　　　　　　图9-3　外包装效果图（2）

【2】智能可降温式口红内包装设计

　　口红降温与盛装功能采用了分离式的设计，这样一来，既可保持口红精巧的外形，又不影响用户正常的使用体验，在炎热的夏季二者组合使用，在天气凉爽时候只需单独携带口红盛装部分即可。口红降温部分为罐状抽屉式结构，内部设置圆柱体的贮存空间以放置产品，适用多种不同型号的口红，在一支口红使用完毕后，换下一支其他品类口红的时候也可以继续重复利用（图9-4）。口红的降

图9-4　降温与盛装功能分离式设计

温、散热、与智能控制元件被集成化放置于整个罐子的底部区域，一来便于组装与拆检维修，二来可以将整个产品的体积大幅缩小，方便外出携带。底部散热部分为栅格排出孔设计，方便热量快速排出。降温的控制启动面板与Type-C充电孔放置在了底部正反两侧，充电与触控操作可同时进行，互不影响。材料选择方面，内部的降温空间使用了高传导铝材，较其他热传导材料传递速度更快。罐体外壁为中空的铝材结构，有效阻隔了罐体内外温度传导，罐内的温度降下来以后，可以长时间保持在一个适宜的温度区间。最外层封套与提手部分为塑胶磨砂材质，在使用和放置时具有一定的防滑作用，外出时便于提拿携带。颜色搭配上，使用了红色、黑色与银色，与原有产品包装保持协调一致的配色方案，观感上更加和谐（图9-5）。

图9-5 内包装结构图

(3) 智能可降温式口红包装使用流程简述

智能可降温式口红的使用流程主要分为以下几个步骤。首先，把冷却盒盖子推出，将口红放置在冷却槽内。然后，按下电源键启动，冷却装置开始工作，内部的散热风扇通过底部的栅栏孔将热量输送至罐体外部，随着热量的排出，内部温度开始逐渐降低，当降至适宜温度时，冷却装置自动停止工作，并通过亮灯闪烁和手机App震动响铃两种形式通知主人，取用口红。最后，用户只需把罐体打开，将口红取出即可使用。整个工作过程，指示灯会有四种颜色提示，灰色代表罐体处于关闭状态，红色代表待机状态，黄色代表正在工作，蓝色代表降温结束可以取出口红使用。罐体电量不足时，充电呼吸灯由灰色转为红色并开始闪烁，与此同时通过手机App向用户发出充电提醒，及时补充电量。整个使用工作过程不需要使用者自行干预，实现了包装自主化、智能化的管控效果，在炎炎夏日为用户带来畅快的使用体验（图9-6）。

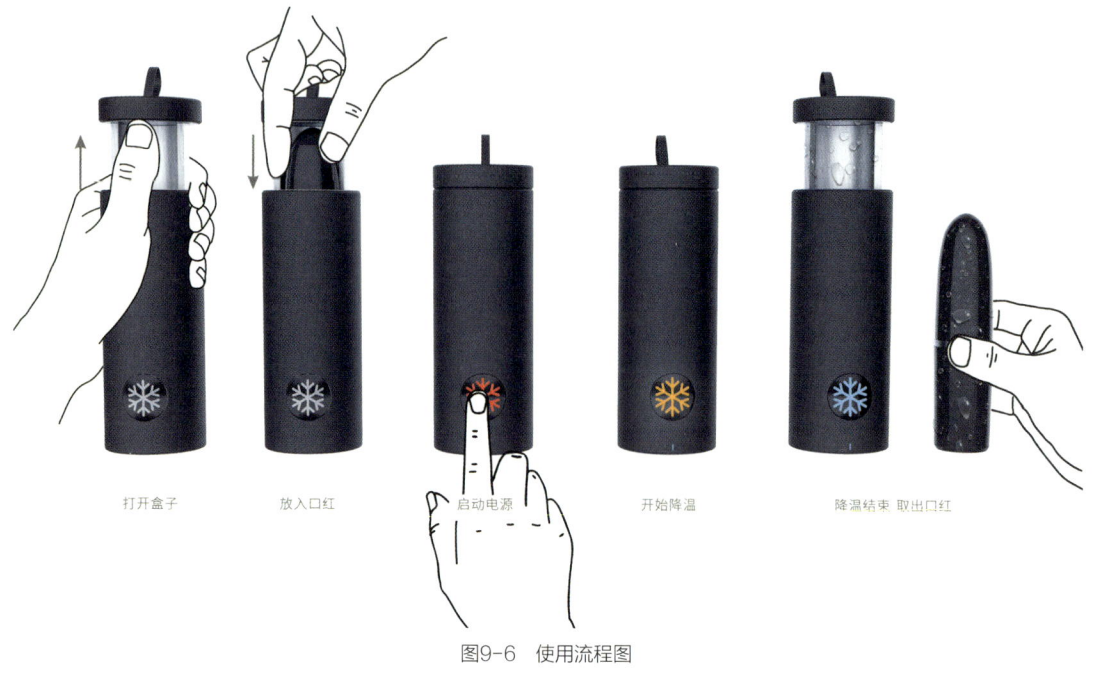

图9-6 使用流程图

9.1.4 智能美妆管控App功能简述

智能美妆管控App属于产品品牌的增值服务功能,该App主要具有以下几大功能:a. 溯源防伪功能。用户通过手机感知口红外包装内置的NFC防伪芯片,识别芯片所传输的内容,并将其传输至App首页,产品的真伪、被查询的次数、生产流通过程等信息一目了然(图9-7)。b. AI美妆功能。用户可以将自己的照片上传至美妆页面,选取心仪的化妆品,并将其移动至需要化妆的部位,模拟真实的化妆手法即可获取接近真实的化妆体验,让消费在线感知不同的产品在自己面部的使用效果。一方面,大量节省了用户的购买选择时间,降低了产品的购买之后不适用自己皮肤的风险。另一方面,通过虚拟产品试用化妆的环节,可以刺激用户二次购物消费的欲望,在提高了产品销量的同时也加深了用户的品牌忠诚度(图9-8)。c. 智能降温管控系统。包装的降温系统不仅可以通过用户手动控制包装本体实现,也可通过手机App对温度、时间,以及充电的过程实现实时管控,为用户提供多样化的操控选择。

图9-7 溯源防伪系统　　　　　　　图9-8 AI美妆 智能降温系统

9.2 Wi-Fi智能安全药品包装设计

9.2.1 Wi-Fi智能安全药品包装设计背景调研

药品作为一种特殊产品与大众的生命安全息息相关，因此一直以来用药安全成了人们密切关注的话题。世界卫生组织对于用药安全提出了几个关键事项，即认识药品、服用药品、加用药品、检查药品、停用药品。对于大多数人来说，若想做好上述每一个步骤，仅凭自己的主观能动性是远远不够的，据国外多项研究资料统计表明，用药错误导致的医疗安全事件占全部不良事件的10%~20%。世界卫生组织资料统计，全球约有三分之一的患者死于不合理用药和错误用药，在我国，用药安全情况更加严峻，不合理使用药品的人数占正常用药人数的12%~30%。引导患者安全用药，已经成为医药包装领域的一项重要课题。

对于老人、儿童、残障人士等特殊人群，用药安全变得尤为重要。以老年群体为例，由于视力、记忆力等身体功能衰退，按时吃药、看清看懂用药说明尤为困难。传统药品包装针对上述问题往往无能为力，而依托于智能元件，数字感应、移动互联网、大数据等技术的智能包装，可以有效地解决此类问题。本设计实例以"Wi-Fi智能安全药品包装"为例，介绍如何利用智能包装技术解决患者在用药过程中的安全问题。

9.2.2 Wi-Fi智能安全药品包装设计构思

当下，Wi-Fi网络和智能手机已经基本普及，新兴起的基于5G通信技术的第六代Wi-Fi网络，相较于上一代速度快10~100倍，且信号穿墙能力更强。该设计通过将Wi-Fi网络集成元件置入药品包装之中与智能移动终端设备（包括手机、平板电脑、智能手表）相关联，在局域网内对药品的状态进行实时管控，为用户提供及时用药、找寻药品、过期提示等操作，智能移动终端与云空间进行数据交换，向云数据管理平台传输用户数据分析并储存，再通过互联网向用户反馈健康数据分析，以及在线咨询等额外的服务项目，为患者提供"安全—管理—服务"一站式解决方案（图9-9）。

9.2.3 Wi-Fi智能安全药品包装具体内容设计

（1）Wi-Fi智能安全药品包装结构设计

药瓶的整体造型为模制柱状结构，瓶体主要由瓶身、瓶盖与集成Wi-Fi芯片三部分组成，芯片模块置于瓶盖内部，在瓶盖顶部嵌入了带有Wi-Fi标识的LED信号指示灯，模块两侧区域分别为Wi-Fi模块和小型纽扣电池（图9-10）。电池可选择与药品保质期相匹配的容量，即在药品保质期结束时LED灯将不再

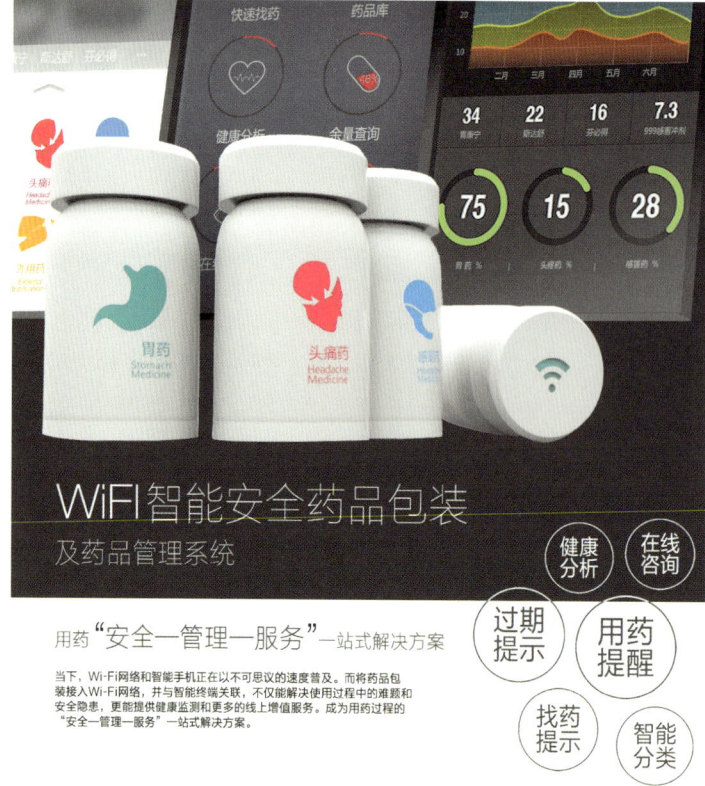

图9-9 整体效果方案呈现

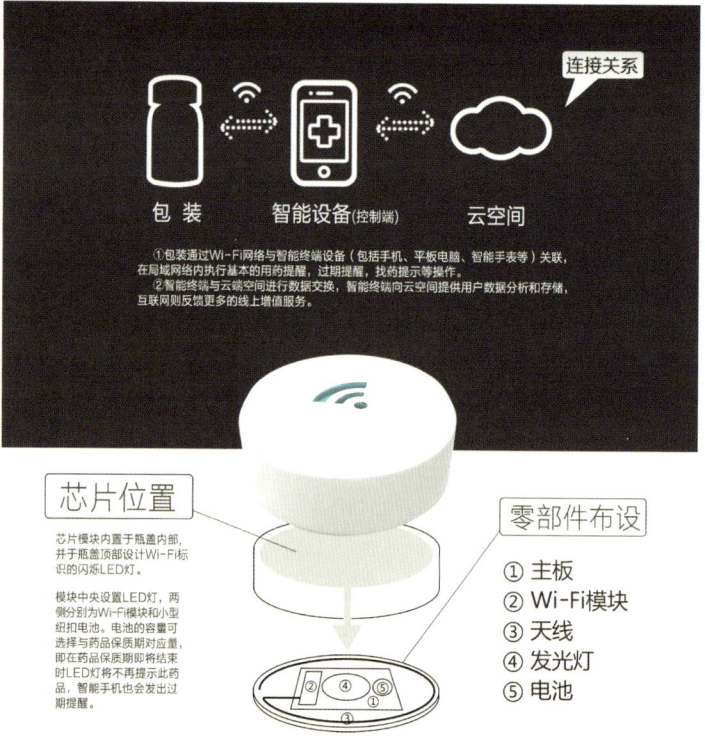

图9-10 包装结构示意图

提示此药品，智能手机端也将会向用户发出过期提醒。在瓶体表面的标签设计部分，分别以身体的不同部位器官的插画作为主画面，让患者可以快速识别出自己所需的药品。

❷ Wi-Fi智能安全药品包装App管理系统简述

　　整个药品管理系统根据患者平时用药时所遇到的问题以及所需提供的帮助，分为药品智能管控系统与增值服务系统两大板块。

　　药品智能管控系统主要包含用药提醒与过期提醒两部分，属于该包装的核心功能部分（图9-11）。用药提醒功能可通过手机开启近期用药定时提醒功能，这对于心脑血管疾病这类患者来说，可以有效地避免因忘记吃药而导致病情恶化等情况的发生。药品对于保质期有着严格的要求，一旦超过规定期限继续服用，不仅对患者病情没有改善作用，反而可能起反向副作用，加剧病情的恶化。通过手机开启对过期药品的提醒功能，在该药品临近保质期时，手机App会通过铃声、震动、页面图文等形式提醒患者，以防止服用过期药品。

　　增值服务系统主要包括快速找药、药品库、健康分析、余量查询、在线咨询、新药扫描五个部分。a. 快速找药。大部分家庭中，药品的管理放置十分混乱，常常为找一个药而耗费大量时间，而在本设计当中，在找药界面对药品做了清晰的分类，用户根据自己的症状，点击该分类图标，相对应药品瓶盖LED灯开始闪烁，用户可以在最快的时间找到自己所需的药品。当然在熟知自己该吃什么药的情况下，也可在常用药品栏点击药品相应名称寻找。b. 药品库。用户可通过手机扫描瓶身上的二维码，完成对药品的入库分类，每一种药品的生产日期、保质期限、用法用量、服用禁忌、不良反应都将被记录在系统中，在患者服用时App会通过图文、语音等多种形式呈现给用户，在入库时手机与药品包装进行配对，药品的管控系统也将自动开启。c. 健康分析。智能移动终端依据用户近期的用药状态记录进行数据统计与分析，显示出各种常用药的用量曲线，并根据实际用药情况进行相应的健康提醒。当用户有疑问时，可以前往咨询板块在线向医生提问。d. 余量查询。用户可以通过查询入库药品的剩余量，及时补充余量不足的药品。e. 在线咨询。

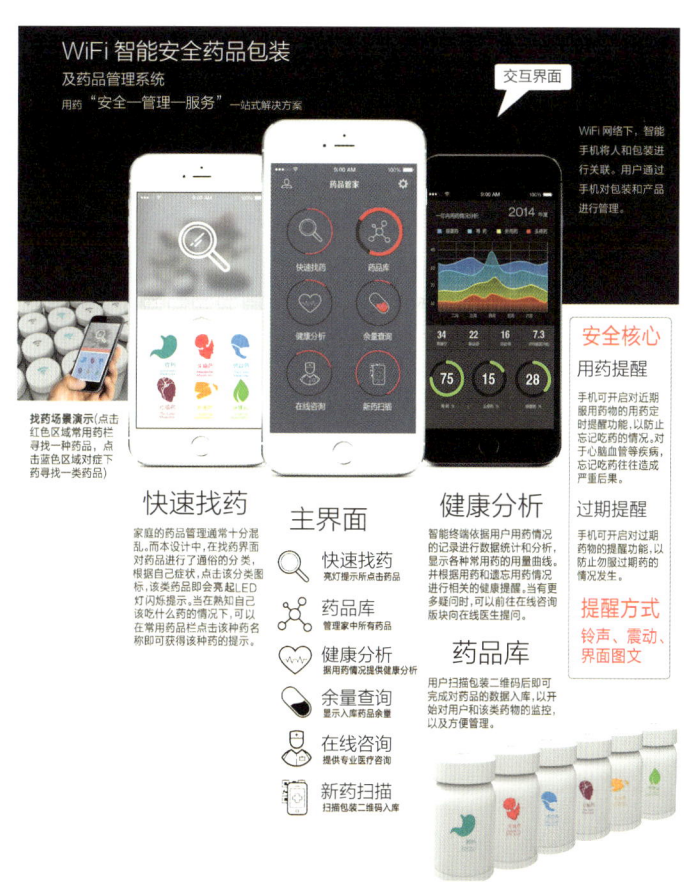

图9-11　App管理界面

参考文献

专著：

[1] 朱和平. 现代包装设计理论及应用研究[M]. 北京：人民出版社，2008.

[2] 杭间. 设计道：中国设计的基本问题[M]. 重庆：重庆大学出版社，2009

[3] 朱和平. 中国古代包装艺术史[M]. 北京：人民出版社，2016.

[4] 唐纳德·A. 诺曼. 设计心理学[M]. 梅琼，译. 北京：中信出版社，2015.

[5] 廉师友. 人工智能技术导论（第三版）[M]. 西安：西安电子科技大学出版社，2007.

[6] 曹承志. 人工智能技术[M]. 北京：清华大学出版社，2010.

[7] 姚锡凡，李旻. 人工智能技术及应用[M]. 北京：中国电力出版社，2008.

[8] 易克初. 语音信号处理[M]. 北京：国防工业出版社，2000.

[9] 朱和平. 设计概论[M]. 长沙：湖南大学出版社，2023.

[10] 袁强，张晓云，秦界. 人工智能技术基础及应用[M]. 郑州：黄河水利出版社，2022.

[11] 陈默，孙炳新. 活性包装与现代食品保鲜技术[M]. 北京：中国农业出版社，2019.

[12] 玛丽安·罗斯奈·克里姆切克，桑德拉·A. 科拉索维克. 包装设计：成功品牌的塑造力——从概念构思到货架展示[M]. 胡继俊，译. 上海：上海人民美术出版社，2021.

学位论文：

[1] 柯胜海. 包装开启方式设计研究[D]. 株洲：湖南工业大学，2008.

[2] 许超. 现代包装设计尺度论[D]. 北京：中国艺术研究院，2008.

[3] 刘洪斌. 对设计中高情感特征的研究[D]. 武汉：武汉理工大学，2009.

[4] 张帅. 设计心理学在平面的应用研究[D]. 北京：中央民族大学，2011.

[5] 孙庆慧. 智能食品包装设计研究[D]. 株洲：湖南工业大学，2016.

[6] 朱琪. 物联网时代的智能快递包装[D]. 株洲：湖南工业大学，2016.

[7] 李俊平. 人工智能技术的伦理问题及其对策研究[D]. 武汉：武汉理工大学，2013.

[8] 王义慧. 基于ARM的嵌入式语音识别系统研究[D]. 天津：天津大学，2008.

[9] 于沁然. 德国公共建筑无障碍体系研究[D]. 沈阳：沈阳建筑大学，2012.

[10] 康明. 掺杂ZnO红色光致发光材料的研究[D]. 成都：四川大学，2005.

[11] 许泽清. 苯甲酸衍生物功能化聚苯乙烯-Eu（Ⅲ）配合物的制备及其光致发光性能研究[D]. 太原：中北大学，2014.

[12] 沈冬冬. $SrAl_2O_4$：（Eu^{2+}，Dy^{3+}）长余辉材料的制备及其性能研究[D]. 杭州：杭州电子科技大学，2015.

[13] 杨继慧. 熔盐法制备Y_2O_2S：Eu^{3+}和$CaWO_4$：Eu^{3+}纳米荧光材料及其性质研究[D]. 上海：上海师范大学，2015.

[14] 郑陶. 新型光致变色材料的研究[D]. 上海：东华大学，2017.

[15] 任冬远. 空气垫在受到跌落冲击时的缓冲机理及性能研究[D]. 无锡：江南大学，2008.

[16] 吕航. 自充气式缓冲气囊的设计与分析研究[D]. 南京：南京航空航天大学，2012.

期刊论文：

[1] YAM K L, TAKHISTOV P T, MILTZ J. Intelligent packaging: concepts and applications[J]. Journal of Food Science, 2004, 70(1): R1-R10.

[2] OBERFELD D, HECHT H, ALLENDORF U, et al. AMBIENT LIGHTING MODIFIES THE FLAVOR OF WINE[J]. Journal of Sensory Studies, 2010, 24(6): 797-832.

[3] JUNG J, LEE K, PULIGUNDLA P, et al. Chitosan-based carbon dioxide indicator to communicate the onset of kimchi ripening[J]. LWT - Food Science and Technology, 2013, 54(1): 101-106.

[4] LAWRIE K, MILLS A, HAZAFY D. Simple inkjet-printed, UV-activated oxygen indicator[J]. Sensors and Actuators B: Chemical, 2013, 176(6): 1154-1159.

[5] SMOLANDER M, HURME E, LATVAKALA K, et al. Myoglobin-based indicators for the evaluation of freshness of unmarinated broiler cuts[J]. Innovative Food Science and Emerging Technologies, 2002, 3(3): 279-288.

[6] LANG C, HÜBERT T. A Colour Ripeness Indicator for Apples[J]. Food and Bioprocess Technology, 2012, 5(8): 3244-3249.

[7] AUGER A, SAMUEL J, PONCELET O, et al. A comparative study of non-covalent encapsulation methods for organic dyes into silica nanoparticles[J]. Nanoscale Research Letters, 2011, 6(1): 328.

[8] KANATT S R, RAO M S, CHAWLA S P, et al. Active chitosan–polyvinyl alcohol films with natural extracts[J]. Food Hydrocolloids, 2012, 29(2): 290-297.

[9] THOMAS D, CEBE P. Self nucleation and Crystallization of Poly(vinyl alcohol)[J]. Journal of Thermal Analysis and Calorimetry, 2016, 127(1): 1-10.

[10] MILGRAM P, KISHINO F. A Taxonomy of Mixed Reality Visual Displays[C]. IEICE Transactions on Information and Systems. 1994: 1321-1329.

[11] AZUMA R. A survey of augmented reality, Presence[J]. Presence: Teleoperators and Virtual Environments, 1997, 6(4): 355-385.

[12] QI Q, LIU Y, FANG X, et al. AIE (AIEE) and mechanofluorochromic performances of TPE-methoxylates: effects of single molecular conformations[J]. Rsc Advances, 2013, 3(21): 7996-8002.

[13] CRENSHAW B R, BURNWORTH M, KHARIWALA D, et al. Deformation-Induced Color Changes in Mechanochromic Polyethylene Blends[J]. Macromolecules, 2007, 40(7):

2400-2408.

[14] PRISCO N D, IMMIRZI B, MALINCONICO M, et al. Preparation, physico-chemical characterization, and optical analysis of polyvinyl alcohol-based films suitable for protected cultivation[J]. Journal of Applied Polymer Science, 2010, 86(3): 622-632.

[15] YILDIRIM S, RÖCKER B, PETTERSEN M K, et al. Active Packaging Applications for Food[J]. Comprehensive Reviews in Food Science and Food Safety, 2018, 17(1):165-199.

[16] POLYAKOV V A, MILTZ J. Modeling of the humidity effects on the oxygen absorption by iron-based scavengers[J]. Journal of Food Science, 2010, 75(2): E91-E99.

[17] MANEERAT C, HAYATA Y. Gas-Phase Photocatalytic Oxidation of Ethylene with TiO_2-Coated Packaging Film for Horticultural Products[J]. Transactions of the ASABE, 2008, 51(1): 163-168.

[18] SUPPAKUL P, MILTZ J, SONNEVELD K, et al. Active Packaging Technologies with an Emphasis on Antimicrobial Packaging and its Applications[J]. Journal of Food Science, 2010, 68(2): 408-420.

[19] XU W, LI D, FU Y, et al. Preparation and Measurement of Controlled-Release SO_2 Fungicide Active Packaging at Room Temperature[J]. Packaging Technology and Science, 2013, 26(S1): 51-58.

[20] DUAN J, PARK S I, DAESCHEL M A, et al. Antimicrobial chitosan-lysozyme (CL) films and coatings for enhancing microbial safety of mozzarella cheese[J]. Journal of Food Science, 2010, 72(9): M355-M362.

[21] SANGSUWAN J, RATTANAPANONE N, RACHTANAPUN P. Effect of chitosan/methyl cellulose films on microbial and quality characteristics of fresh-cut cantaloupe and pineapple[J]. Postharvest Biology and Technology, 2008, 49(3): 403-410.

[22] XU X, LI B, KENNEDY J F, et al. Characterization of konjac glucomannan-gellan gum blend films and their suitability for release of nisin incorporated therein[J]. Carbohydrate Polymers, 2007, 70(2): 192-197.

[23] SILVIA F, ANASILVIA H, CARMEN C, et al. Antimicrobial performance of potassium sorbate supported in tapioca starch edible films[J]. European Food Research and Technology, 2007, 225(3-4): 375-384.

[24] MILTZ J, RYDLO T, MOR A, et al. Potency evaluation of a dermaseptin S4 derivative for antimicrobial food packaging applications[J]. Packaging Technology and Science, 2010, 19(6): 345-354.

[25] CHA D S, CHINNAN M S. Biopolymer-based antimicrobial packaging: a review[J]. Critical Reviews in Food Science and Nutrition, 2004, 44(4): 223-237.

[26] 徐斌. 在中国包装联合会成立35周年庆祝大会上的讲话[J]. 中国包装, 2016, 36（1）: 12-16.

[27] 邹积岩, 丛吉远, 董恩源. 真空开关的电子操动与同步开关技术[J]. 电气应用, 2001（4）: 30-33.

[28] 陈志强, 王鑫. 防伪印刷包装技术及其发展[J]. 印刷技术, 2009（4）: 51-53.

[29] 许文才. 智能包装与智能标签[J]. 标签技术, 2017（1）: 59-61.

[30] 刘莹. 智能包装的定义及分类研究[J]. 科技传播, 2013（11）: 262-263.

[31] 朱和平, 姚进. 智能包装设计的方法研究——以老年人智能药品包装为例[J]. 装饰, 2013（5）: 96-97.

[32] 刘颖, 杨猛. 包装设计中"五感"应用的探究[J]. 包装工程, 2011, 32（12）: 72-74, 78.

[33] 朱和平, 蔡京声, 柯胜海. 智能管控药品包装设计研究[J]. 湖南包装, 2017, 32（3）: 31-33.

[34] 黄泽雄. 食品活性包装材料[J]. 中国包装工业, 2004（8）: 42-44.

[35] 金国斌. 智能包装技术及其发展[J]. 中国包装, 2002（6）: 81-84.

[36] 柯胜海, 蔡京声. 重力感应智能报警输液袋设计[J]. 湖南包装, 2017（3）: 24-25.

[37] 关志宇, 罗晓健. 人性化药品包装的选择与应用[J]. 中成药, 2014, 36（8）: 1729-1733.

[38] 柳沙. 人与物互动中的情感[J]. 装饰, 2005（4）: 37-38.

[39] 张全成, 赖天豪, 杨宇科, 等. 消费者的多感觉交互: 表现、形成机制及研究展望[J]. 外国经济与管理, 2017, 39（7）: 80-90.

[40] 陆建敏. 光敏传感器的应用——声光控开关电路[J]. 企业科技与发展, 2012（18）: 36-39.

[41] 孙圣和. 现代传感器发展方向[J]. 电子测量与仪器学报, 2009, 23（01）: 1-10.

[42] 章登宏, 钟菊花, 房毅, 等. 温度传感器在热学实验中的应用[J]. 实验室研究与探索, 2013, 32（07）: 149-152.

[43] 王立霞, 丁宁. 印刷电子在智能包装上的应用——智能温度传感器[J]. 印刷质量与标准化, 2013（11）: 8-10.

[44] 杨子江, 黄建国. 高分子湿度传感器研究进展[J]. 中国新技术新产品, 2010（24）: 12-12.

[45] 王志伟. 智能包装技术及应用[J]. 包装学报, 2018, 10（1）: 27-33.

[46] 孙媛媛, 张蕾. 猪肉新鲜度指示卡的研究[J]. 包装工程, 2013（5）: 29-33.

[47] 刘怀伟, 孔保华, 武晗. 鲜度指示剂在食品包装中的应用[J]. 黑龙江畜牧兽医, 2006（7）: 103-104.

[48] 郑伟洲, 卢立新. 时间温度指示器在低温流通食品包装上的研究现状及其应用[J]. 包装工程, 2010, 31（23）: 105-109.

[49] 王理斌, 陈福, 迟晓玲, 等. 手机二维码在食品溯源中的应用[J]. 科技与生活, 2010（21）: 88-89.

[50] 元媛, 姜岩峰. 射频识别（RFID）技术综述[J]. 半导体技术, 2006, 31（11）: 801-804.

[51] 耿雪霏. RFID/EPC技术对包装业的影响[J]. 包装工程, 2005, 26（3）: 205-206.

[52] 刘浩. 基于NFC技术的近场通信应用探索[J]. 中国无线电, 2010（12）: 34-35.

[53] 尹义龙, 宁新宝, 张晓梅. 自动指纹识别技术的发展与应用[J]. 南京大学学报（自然科学）, 2002, 38（1）: 29-35.

[54] 王曙光. 指纹识别技术综述[J]. 信息安全研究, 2016, 2（4）: 343-355.

[55] 宫一. 人像识别技术的发展与应用[J]. 中国人民公安大学学报: 自然科学版, 2007, 13（4）: 46-49.
[56] 韩加, 李锦涛, 洪卫军. 人像识别原理的探讨[J]. 公安大学学报: 自然科学版, 1997（4）: 8-11.
[57] 徐彩云. 图像识别技术研究综述[J]. 电脑知识与技术, 2013（10）: 2446-2447.
[58] 刘贤豪, 赵洪池, 梁淑君. 光致发光材料的研究进展[J]. 信息记录材料, 2005, 6（4）: 26-30.
[59] 任家强, 叶楚平, 葛汉青, 等. 吲哚啉螺吡喃光致变色化合物研究的最新进展[J]. 染料与染色, 2004, 41（2）: 67-70.
[60] 焦国豪, 杨辉, 余爱民, 等. 无机光致变色材料研究进展[J]. 陶瓷, 2014（7）: 49-54.
[61] 彭邦银, 许适当, 池振国, 等. 压致变色聚集诱导发光材料[J]. 化学进展, 2013, 25（11）: 1805-1820.
[62] 朱浙辉. 可食性包装膜的研究进展和应用[J]. 食品研究与开发, 2004, 25（3）: 7-10.
[63] 李超, 李梦琴, 赵秋艳. 可食性膜的研究进展[J]. 食品科学, 2005, 26（2）: 264-269.
[64] 韩永生, 赵丽美. 变性淀粉-壳聚糖可食性膜的包装性能研究[J]. 包装工程, 2009, 30（12）: 34-36.
[65] 娄丽丽, 蒋平平, 夏嘉良, 等. 水性油墨研究现状[J]. 化工新型材料, 2013, 41（1）: 9-11.
[66] 许文才, 黄少云, 李东立, 等. 基于环糊精包合技术的活性包装研究进展[J]. 包装工程, 2010（9）: 122-125.
[67] 陈晨伟, 段恒, 杨福馨, 等. 释放型食品抗氧化活性包装膜研究进展[J]. 包装工程, 2014（13）: 36-42.
[68] 姜尚洁, 黄俊彦. 现代食品包装新技术——活性包装[J]. 包装工程, 2015（21）: 150-154.
[69] 储节旺, 黄洁钦. HTML5与移动信息服务[J]. 情报理论与实践, 2013, 36（7）: 24-26.
[70] 谭坤, 吕悦宁. 基于微信平台的H5广告设计策略分析[J]. 包装工程, 2016（20）: 198-202.
[71] 顾春来. App应用程序开发模式探究[J]. 硅谷, 2014（5）: 35-36.
[72] 侯颖, 许威威. 增强现实技术综述[J]. 计算机测量与控制, 2017, 25（2）: 1-7.
[73] 詹秦川, 赵洋. AR技术与传统纸媒的交互融合设计研究[J]. 包装工程, 2018, 39（6）: 139-144.
[74] 赵沁平. 虚拟现实综述[J]. 中国科学: 信息科学, 2009, 39（1）: 2.
[75] 王同聚. 虚拟和增强现实（VR/AR）技术在教学中的应用与前景展望[J]. 数字教育, 2017, 3（1）: 1-10.
[76] 陈潇潇. 浅谈混合现实技术的发展趋势[J]. 大众文艺, 2016（15）: 264.
[77] 孟令鹏, 许维胜, 吴启迪. 移动互联网技术的发展趋势与演进路径[J]. 管理现代化, 2015, 35（5）: 83-85.
[78] 赵强. 移动互联网技术的应用与发展[J]. 工程技术（文摘版）: 00168-00168.
[79] 王保云. 物联网技术研究综述[J]. 电子测量与仪器学报, 2009, 23（12）: 1-7.
[80] 凌志浩. 物联网技术综述[J]. 自动化博览, 2010（增刊1）: 11-14.
[81] 陶雪娇, 胡晓峰, 刘洋. 大数据研究综述[J]. 系统仿真学报, 2013（增刊1）: 142-146.

[82] 刘智慧, 张泉灵. 大数据技术研究综述[J]. 浙江大学学报: 工学版, 2014, 48（6）: 957-972.

[83] 蔡积庆. 丝网印刷技术的最前线[J]. 印制电路信息, 2011（6）: 28-32.

[84] 邹竞. 国外印刷电子产业发展概述[J]. 影像科学与光化学, 2014, 32（4）: 342-381.

[85] 鄢章华, 刘蕾. "新零售"的概念、研究框架与发展趋势[J]. 中国流通经济, 2017, 31（10）: 12-19.

[86] 梁逸晟. 基于数字化营销的包装设计研究[J]. 包装工程, 2017, 38（2）: 55-59.

[87] 唐立民, 李广羽. 基于单片机的模块化智能药盒的开发[J]. 产业与科技论坛, 2011, 10（22）: 61-62.

[88] 郭娟, 杜文超. 基于AR技术的包装信息设计研究[J]. 包装工程, 2017, 38（6）: 26-29.

[89] 林一, 陈靖, 刘越, 等. 基于心智模型的虚拟现实与增强现实混合式移动导览系统的用户体验设计[J]. 计算机学报, 2015, 38（2）: 408-422.

[90] 尹超, 何人可. 增强现实在品牌接触点设计中的应用研究[J]. 装饰, 2013（2）: 106-108.

[91] 姜超, 高晨晖. 产品设计概要提炼的信息图形化原则[J]. 包装工程, 2013（22）: 60-63.

[92] 李立新. 共同体建设与中国设计的未来[J]. 南京艺术学院学报（美术与设计版）, 2018（1）: 6-10.

[93] 滕健, 万福成. 基于增强现实的产品展示App设计研究[J]. 包装工程, 2017（14）: 219-223.

[94] 王海滨, 刘树信, 霍冀川. 无机热致变色材料的研究及应用进展[J]. 中国陶瓷, 2006, 42（4）: 11-13.

[95] 董子尧, 李昕. 电致变色材料、器件及应用研究进展[J]. 材料导报, 2012, 26（13）: 50-57.

[96] 彭邦银, 许适当, 池振国, 等. 压致变色聚集诱导发光材料[J]. 化学进展, 2013, 25（11）: 1805-1820.

[97] 刘红菊. 现代药品包装设计中不可忽视的图形符号的传达效用[J]. 包装工程, 2010, 31（22）: 135-137.

[98] 柯胜海. 智能发光包装设计研究[J]. 装饰, 2016（9）: 76-77.

[99] 杨涛. 用水溶性PVA（聚乙烯醇）内袋包装形式解决农药包装危害的设想[J]. 塑料包装, 2015, 25（3）: 22-25.

[100] 张国锋, 王君涵, 魏安娜. 新型水性导电油墨的制备与性能研究[J]. 包装工程, 2010, 31（21）: 92-94.

[101] 张晋美, 黎厚斌. 荭荧光材料的研究进展[J]. 包装工程, 2018（7）: 104-111.

[102] 许文才, 黄少云, 李东立, 等. 基于环糊精包合技术的活性包装研究进展[J]. 包装工程, 2010（9）: 122-125.

[103] 陈晨伟, 段恒, 杨福馨, 等. 释放型食品抗氧化活性包装膜研究进展[J]. 包装工程, 2014（13）: 36-42.

[104] 肖著强, 李洁. 食品的防霉腐包装设计[J]. 包装工程, 2007, 28（8）: 204-206.

[105] 万勇, 郑元林. 现代社会的活性和智能包装创新技术[J]. 今日印刷, 2015（10）: 21-23.

[106] 许文才, 付亚波, 李东立, 等. 食品活性包装与智能标签的研究及应用进展[J]. 包装工程, 2015（5）: 1-10.

[107] 贺琛, 王臻, 梅婷, 等. 食品活性包装研究的进展与趋势[J]. 包装与食品机械, 2011, 29（3）:

40-44.

[108] 邱伟芬. 食品的活性包装[J]. 食品科学, 1998, 19(8): 11-14.

[109] 骆扬, 杨坚. 食品活性包装的革新[J]. 湖南包装, 2008(2): 6-7.

[110] 王长安, 陈晓翔, 邹永德. 活性—智能食品包装的应用进展[J]. 包装工程, 2010(17): 68-73.

[111] 张新武, 杜小波, 徐素玲, 等. 食品中微生物危害的分析和控制[J]. 食品安全质量检测学报, 2014(10): 3295-3299.

[112] 徐斐燕, 陈健初, 吴丹. 食品抗菌包装技术进展[J]. 粮油加工(食品机械), 2004(6): 64-65.

[113] 李勇, 高明侠. 金属离子抗菌保鲜薄膜的试验研究[J]. 包装工程, 2002, 23(2): 11-14.

[114] 王建清, 赵亚珠, 金政伟, 等. 牛至精油涂膜瓦楞纸板的制备及抑菌活性研究[J]. 包装工程, 2010, 31(23): 1-3.

[115] 李里特, 王颉, 丹阳, 等. 我国果品蔬菜贮藏保鲜的现状和新技术[J]. 食品与生物技术学报, 2003, 22(2): 106-109.

[116] 马学芬, 王利强, 刘靖, 等. 乙醇气体发生剂在抗菌包装中的研究进展[J]. 包装工程, 2012(23): 144-149.

[117] 吴月英. 食品中微生物的危害及控制措施[J]. 食品安全导刊, 2017(15): 32-32.

[118] 左耕. 喷雾包装技术基础[J]. 中国包装, 1989(3): 65-67.

[119] 黎英. 包装连续性体验设计探究——以好丽友木糖醇"粒粒出"口香糖包装为例[J]. 装饰, 2013(6): 100-101.

[120] 何钰, 熊兴福. 儿童药品包装安全性新探[J]. 包装工程, 2006, 27(6): 341-342.

[121] 刘文良. 基于安全策略的药品智能包装设计[J]. 装饰, 2015(11): 96-97.

[122] 郭娟, 张进, 张鹏鹏, 等. 丸剂药品包装多功能封缄盖的结构设计[J]. 包装工程, 2012(11): 88-90.

[123] 周兰美. 可计量奶粉罐的研究与设计[J]. 食品与机械, 2013, 29(2): 137-138.

[124] 马洪娟. 美国儿童安全包装的发展历史与现状(上)[J]. 中国包装工业, 2003(6): 47-49.

[125] 姜炜, 李德远. 军用食品自加热技术的民用前景[J]. 食品工业科技, 2006(2): 196-197.

[126] 张肇富. 自冷式罐头[J]. 冷藏技术, 1998(1): 57.

[127] 许鑫. 自动充气式空投缓冲气囊设计与分析[J]. 机械工程与自动化, 2015(6): 87-88.

[128] 张红英, 杨璐瑜, 李姝磊. 空降空投中的气囊缓冲包装技术[J]. 包装工程, 2016(17): 20-24.

专利:

[1] 严纯华, 张超, 孙聆东, 等. 易变质产品保质期的变色指示剂及其制备方法: 2012101874225[P]. 2015-05-13.

[2] 吴兴旺, 李进, 吴立丰, 等. 一种冷链用变色检测标签: 2013208228750[P]. 2014-08-13.

[3] 刘海燕. 一种自加热流体食品包装盒: 2017214461214[P]. 2018-05-25.

[4] 任德财, 钱镭, 张勇, 等. 饮品自加热包装盒: 2011203578710[P]. 2012-05-09.